城市规划与建筑设计研究

陶花明　王　志　顾　岩◎著

U0304764

吉林科学技术出版社

图书在版编目（CIP）数据

城市规划与建筑设计研究 / 陶花明，王志，顾岩著
. -- 长春：吉林科学技术出版社，2022.5
ISBN 978-7-5578-9530-3

Ⅰ．①城… Ⅱ．①陶… ②王… ③顾… Ⅲ．①城市规
划—建筑设计—研究 Ⅳ．①TU984

中国版本图书馆 CIP 数据核字（2022）第 118172 号

城市规划与建筑设计研究

著	陶花明 王 志 顾 岩
出 版 人	宛 霞
责任编辑	杨雪梅
封面设计	金熙腾达
制 版	金熙腾达
幅面尺寸	185mm×260mm
开 本	16
字 数	317 千字
印 张	14
印 数	1-1500 册
版 次	2022年5月第1版
印 次	2022年5月第1次印刷

出 版	吉林科学技术出版社
发 行	吉林科学技术出版社
地 址	长春市南关区福祉大路5788号出版大厦A座
邮 编	130118
发行部电话/传真	0431-81629529 81629530 81629531
	81629532 81629533 81629534
储运部电话	0431-86059116
编辑部电话	0431-81629510
印 刷	廊坊市印艺阁数字科技有限公司

书 号	ISBN 978-7-5578-9530-3
定 价	58.00 元

前　言

　　城市的设计规划一直是我国城市化过程当中的一个关键问题，城市规划的效果会直接影响城市人民的生活质量。城市规划是使城市更美好的重要措施。城市是城市规划工作者的作品，也是全体公民共同创作的作品。城市规划，体现了城市发展的思路，是城市规划工作者的成果，也是全体市民智慧的结晶。

　　在城市设计规划的过程当中，有一个重点要素需要相关人员格外重视，那就是城市的建筑设计，而城市的根本就在于它的建筑，建筑设计的成功与否，与城市规划的效果息息相关。随着中国经济和社会发展步入新的阶段，人们对未来生活有着更高的追求，所以，在城市规划和建筑设计中必须要秉持可持续发展的原则，在相关工作中必须妥善处理人类与环境及建筑的关系，坚持人性化的设计，还要考虑美观、节能、环保等要求。在建筑设计过程中除了关注建筑要素，还要了解相应的建筑设计与周边城市环境是否协调，严格依照城市规划设计标准进行建筑设计，结合城市环境、建筑环境，确保设计的建筑轮廓能够与周围建筑相互呼应，与周边环境、格调相互协调。本书主要通过言简意赅的语言、丰富全面的知识点以及清晰的系统结构，对城市规划与建筑设计进行了全面且深入的分析与研究，充分体现了科学性、发展性、实用性、针对性等显著特点，希望其能够成为一本为相关研究提供参考和借鉴的专业学术著作，供人们阅读。

　　在本书的编写过程中，为了拓宽研究思路，丰富理论知识与实践表达，编者阅读了很多相关学科的著作与成功案例，吸取了大量交叉学科的知识并在书中应用，在此，特向提供资料的朋友表示诚挚的感谢。由于编者水平有限，书中若有不妥和疏漏之处，恳请广大读者批评指正。

目　录

第一章　城市规划的概况 ……………………………………… 1

　　第一节　城市规划的定义 …………………………………… 1

　　第二节　城市规划的理念 …………………………………… 3

　　第三节　城市规划的职能体系与任务 ……………………… 6

　　第四节　城市规划行政与管理 ……………………………… 12

第二章　区域规划和城市总体规划 …………………………… 15

　　第一节　城市总体布局 ……………………………………… 15

　　第二节　不同类型的城市总体布局 ………………………… 20

　　第三节　区域规划概论 ……………………………………… 24

　　第四节　城镇体系与总体规划 ……………………………… 29

　　第五节　城市用地规划 ……………………………………… 36

第三章　建筑设计基本方法 …………………………………… 56

　　第一节　设计概念 …………………………………………… 56

　　第二节　设计模型 …………………………………………… 58

　　第三节　设计方法 …………………………………………… 60

　　第四节　设计思维 …………………………………………… 61

　　第五节　常用规范 …………………………………………… 67

第四章　建筑的环境性与设计 ………………………………… 71

　　第一节　建筑与外部环境设计 ……………………………… 71

　　第二节　建筑设计与外部环境设计的依据及指标 ………… 78

　　第三节　建筑的内部环境 …………………………………… 80

　　第四节　建筑环境的卫生与环保 …………………………… 86

　　第五节　建筑的安全性 ……………………………………… 88

第五章　建筑的艺术性与设计 ···················· 97

第一节　形式美法则 ···························· 97

第二节　常用的一些建筑艺术创作手法 ············ 104

第三节　建筑艺术语言的应用 ···················· 109

第四节　建筑艺术的唯一性与时尚性 ·············· 118

第六章　建筑的经济性与设计 ···················· 120

第一节　建筑经济性的概念 ····················· 120

第二节　建筑设计过程中的经济性考虑 ············ 122

第三节　绿色建筑与建筑经济性 ·················· 138

第七章　建筑平面及剖面设计 ···················· 143

第一节　建筑平面设计 ························· 143

第二节　建筑剖面设计 ························· 165

第八章　城市生态与绿地景观系统 ················ 182

第一节　城市生态环境的基本概念和内容 ·········· 182

第二节　城市绿地系统的规划布局 ················ 191

第三节　城市公园绿地规划设计 ·················· 202

参考文献 ···································· 214

第一章　城市规划的概况

第一节　城市规划的定义

一、城市规划的作用

　　"规划"是为实现目标提出合理流程的工作。"城市规划"是为构建城市明确提出实现发展目标的方法流程。如果城市自然产生形成，经常维持在可预计的和谐的理想状态，就没必要进行规划。近代城市规划作为应对城市问题的手段，需要秉承科学的态度对城市进行调查，如果放任城市不管，必将引发各种问题。还有一种说法是将城市发展比喻为生物的生长发育，认为城市发展也存在类似生物通过基因组合而生长的现象，如果组成城市的基因元素被破坏，将妨碍城市的正常发展。实际上，城市与生物不同，城市无须为了生长和发展而提前组合基因，通过规划这种流程组合即可开展正常活动和发展。即使在建设新城时，城市的建设也不是一次性完成的，而是有必要按部就班地开展工作，为了实现目标有必要进行规划。另外，现代的城市规划是以建设城市居民认可的城市环境为前提的，因此，城市规划工作有必要以明确的城市形态为目标，并将实现目标的流程计划公之于众。但是，随着城市不断地发展和变化，城市居民的意识也在发生变化，因此规划也并非实现本阶段规定目标就算结束了，新目标的产生和旧有目标灵活修正的规划流程在城市规划中起着重要作用。规划的时间跨度也需要对应短期、中期和长期的各项目标，尤其在中长期规划中，有必要为将来的城市规划留出修正余地。

　　城市规划被称为城市综合规划，是包括经济规划、社会规划、物质规划、行政财政规划的综合性概念，被定位为物质相关的规划。另外，城市规划的推行过程中，城市基本规划（表1-1）是整体的依据和原则。基本规划普遍以20年作为长期目标实现期限，而且明确了5～10年的短期、中期阶段性规划完成年份。但是，城市规划不能全部实现基本规划中所示的规划目标，在制度上，实际应用的法定城市规划可以说只是实现物质相关的综合规划（城市基本规划）某一部分的手段。城市基本规划和法定的城市规划是实现城市建设目标的原则和保障。

表 1-1　城市基本规划应具有的条件

1. 规划的对象范围和约束力	作为基于城市规模，充分考虑其城市相关周边区域的规划，在土地使用方面并不具有如同区域和地区的直接约束力。但是，重要规划和公共设施的建设规划具备一定的约束力
2. 与重要规划和普通规划的关系	应充分考虑根据国土规划、地方规划提出的要求
3. 与其他规划的关系	充分整合经济规划、社会和福利规划、行政财政规划等非物质长期规划，作为城市综合规划的一环
4. 规划的目标与实现目标年份	明确抓住城市的未来目标，通常其实现目标年份在 20 年后，中间年份为 10 年后。但是，因规划内容目标年份存在差异方面，存在迫不得已的实际问题的情况
5. 综合性	为实现城市目标，通过土地使用，设施的种类、数量和配置，表现作为城市各种活动场所的城市空间现状的综合性规划。充分整合经济规划、社会和福利规划、行政财政规划等非物质长期规划，作为城市综合规划的一环
6. 可实现性	虽然没有必要被现行制度采用，但在规划理论上具有一贯性，在实际的方法上具有一定的可行性
7. 规划的内容	规划内容不必要详尽，属于具有概括性和弹性的规划，不应超出基本框架
8. 创意性和区域性	贯穿整体的构想创意十足，而且是充分利用地方性和区域性规划
9. 表现的简洁和明快性	规划表现明快简洁，连普通居民都易于理解规划意图，具有说服力
10. 流程的属性	经常根据新信息对基本规划进行部分修正。通常每 5 年就开展新调查，并对规划进行再次研究，然后修正规划。即规划属于流程本身
11. 与专业相关领域的合作	在制订基本规划时以城市规划的专家为主，在建筑、土木、庭园兴建等领域，以及社会、保健、福利等相关领域，需要与县、市、镇、村的行政负责人共同协作

但是，为什么城市规划需要基于法律制度的保障呢？因为城市规划必须顾及个人和集体的所有的利益。城市基本上是由行动目的各异的个人集合形成的高密度群体社会。各群体成员为了相互毫无障碍地共同生存，要求具有群体应有的行动标准。因此有必要"公共福利"优先，并对个人随心所欲的自由行为（居住、营业、土地使用、开发）加以制约。

二、城市规划区域

法定城市规划适用于作为行政城市的"城市行政辖区"。但是，如果城市活动或市区的范围超过城市行政辖区，在乡村区域也具有城市环境的特征，并由于新开发而被城市化，或被作为新城进行大规模开发的区域也与城市行政辖区一样，有必要被指定为"城市规划区域"。有的是一个行政区域，有的是横跨两个以上市镇村的行政区域，后者被称为广义城市规划区域。

根据城市化实际情况和趋势对城市规划区域进行整合的同时，将行政区域指定为基本单位。为了有效地开展和应用城市的行政财政规划，可以说行政区域是根据方便情况而决定的区域，有必要在基本规划中明确城市区域的实际范围。因此，法定城市规划和城市基本规划的联动十分重要。

三、建筑和城市规划

基于法定城市规划的"限制和引导"内容对不同地块的建筑单体的用途和形态进行限制。建筑单体必须满足健康性、持久性、防灾性、安全性、居住性等性能。另外通过设计文件审查或竣工检查，保证建筑的各项指标是在规划许可范围内的。但是，基于土地经济利益最大化的个人出发点和公共利益最大化的城市规划出发点并不一致，就导致了可能出现的一系列矛盾，例如，在基于防灾立场拓宽狭窄道路，为改善高密度居住环境而推动共同住宅化，街区发展过程中因设立公共设施而占用私宅用地，确保现有街区内的新公园和绿地空间等方面，都需要调整城市公共利益和个人利益之间的矛盾。

20 世纪 20 年代在国际现代建筑协会（CIAM）会议上，勒·柯布西耶（Le Corbusier）等建筑师在《雅典宪章》中明确了近代城市规划的理念："为了使个人的利益与公众的需求保持一致，有必要利用法律手段对土地的配置进行规定。"另外还表示"私利应服从公众的利益"，表明根据城市规划，应以公众利益为优先，应对基于各利害关系的建筑行为和土地使用进行规定。

根据以用途区域制为主的法定城市规划，要努力实现应以公众利益为优先的城市规划理念。另外，应利用规划制度和建筑标准对建筑单体的用途、规模、形态、创意进行限制和诱导。公众利益优先的意识是作为公民的城市居民应具备的素质，民众通过了解建筑单体在城市中扮演的角色，明白了对建筑私权的主张不可逾越城市规划的限定范围，同时也对建筑和城市规划之间相互补充、相互支撑的关系有了了解。因此，如同《雅典宪章》中所述："居住是城市的一个为首的要素，城市单位中所有的各部分都应该能够做有机性的发展。"建筑的建造，尤其是住宅的建造都要以人的舒适性为核心标准。

第二节　城市规划的理念

一、规划目标和理念

由于"规划"这种行为具有特定的意图和目的，明确意图和目的是规划的出发点。城市规划工作的流程，首先要确定规划领域，接着就是设定规划目标。规划目标并不仅仅取决于空间规划的领域范围，而且在重要规划（国土级别的规划和广义规划等）层面，从城市政策的立场出发，去推定未来城市的规模和形态（人口和产业等），而这一切也需要立足于城市的实际情况和良好的城市规划理念。

规划目标设定后，要制定目标实现的方法，从可能的几个方法（预案）中，经过基于一定价值标准的评估，制订实现目标的规划。

在城市规划中，针对不同的领域和范围设定了较多的具体目的，针对其细节，基于技术立场制订单项规划，并努力实现整体的目标。为了统筹各方意见，基于客观立场搭建有效的多元参与机制是十分有效的。在规划之前需要确立的规划理念就是对不同领域规划的统筹及标准的制定。

在所有的城市规划中，规划理念不应只被抽象化，一定要基于成熟的思想体系。但是，如果城市规划涉及众多主体，实现需要长期时间，就会很容易偏离初衷，成为达成其他目的的手段，所以，在城市基本规划中，最好要明确基本理念。并且这种理念并不只是抽象的规划哲学，还包括具体的创意和空间概念，明确表现规划概念的一面也十分重要。

二、理想城市和城市规划

城市规划中包括问题解决类型和理想追求类型这两种实现方式。在前面已提及基于行政城市规划制度的城市规划是前者的实现方式，建筑师等制订的理想城市规划是后者的实现方式，但是，在理想城市规划中，既存在空想文学表现的内容，也存在正视现实城市的思考并提出具体的改善方案的内容，近代城市规划的黎明期中，理想城市规划扮演了重要的角色。如今，随着社会的发展变迁，现代城市规划理念已无法照搬理想城市规划的理念，但是在考虑城市规划理念之际，了解理想城市理念形成的历史可以成为解决当下问题的重要参照。另外，即使在行政城市规划中，明确理念对推进规划也是意义重大。

城市规划在解决现实问题和追求理想中不断发展，时至今日也有必要从这两方面来重新审视规划的理念。

三、现代城市规划的理念

城市规划的理念因城市规模和发展阶段、规划的紧急性和直面的问题等因素而存在差异，根据城市规划的历史背景和城市状况、各项规划设定了一些具有普适性的内容框架。在此，根据 6 个关键词对上述内容进行了整理（表 1-2）。

表 1-2 城市规划的理念、6 个关键词和城市目标形态

编号	关键词	城市的目标形态
1	生活的丰富性	市民生活优先的宜居城市
2	功能性的城市活动	促进经济稳定发展，功能性构建高效城市
3	与自然共生	被丰富的自然包围着且富有温情的城市
4	城市的自律性	以市民参加为根本，以完全自治方式运营的城市
5	多种价值	珍惜区域文化和历史且包含多种价值的个性城市
6	空间的创造	拥有美丽街道和令人印象深刻的景观的魅力城市

（一）生活的丰富性：市民生活优先的宜居城市

为城市的生产、生活提供良好的物质环境是城市规划所追求的最低限度条件，以近代城市规划发展过程中秉承社会改良思想的理想城市理念，均以确保卫生环境和"居住""工作""休息"等生活基本功能为理念。世界卫生组织（WHO）以生活环境的四项要素——安全性、健康性、便利性、舒适性作为城市规划的目标。如今人们注重舒适性，确保让市民深感丰富的物质生活质量成为社会目标。从物质环境质量的侧面来看，城市规划在提高居住水平和增加区域福利等方面起到了巨大作用。

（二）功能性的城市活动：促进经济稳定发展，功能性构建高效城市

人性化社会改良思想促进近代城市规划发展的同时，国际现代建筑协会（CIAM）的"功能主义"和盖迪斯（Patrick Geddes）的"科学的城市规划论"等对城市功能性和合理性的追求也形成近代城市规划的又一个基本理念。随着科技和产业发展，这些理念形成了城市规划的方法论基础，人们反省优先发展经济导致城市欠缺对人的关怀，所以当下的城市规划强调人性化优先的原则。但是，发展产业和经济、确保稳定的就业率和经济收入是城市政策和区域政策的主要课题，也形成了丰富生活的基础。根据科学规划，建设城市完善的基础设施和实现合理的土地使用，平衡生活和生产之间关系，使二者有机地融合协调，确保城市活动有效开展，也是未来城市规划所追求的内容。

（三）与自然共生：被丰富自然包围着且富有温情的城市

自然是人类存在发展的基础，城市和作为粮食生产基地的农村之间的和谐是埃比尼泽·霍华德爵士（Ebenezer Howard）《明日的田园城市》以来的城市规划的主要课题。城市的开发和发展伴随将自然环境改造为人工环境的过程。在保证粮食生产之外，城市内外的自然还承担起保护城市环境和提供休闲空间等多种功能，是人们生活中不可或缺的元素。在城市规划理念方面，保持开发和环境保护的平衡，实现包围城市的农村和森林等自然环境与人工环境的和谐和共存，在城市内部确保更多的自然空间也十分重要。同时力求周边区域和更大范畴的自然资源的整合，更具全球性的环境政策具有其必要性。

（四）城市的自律性：以市民参加为根本，以完全自治方式运营的城市

城市的自律性也是霍华德在《明日的田园城市》中所提出的规划理念的支柱之一。为了不断变化的环境对城市的影响，保证市民生活的舒适性，自律性必不可少，因此，有必要在城市中确保可自给自足的功能。但是由于现代城市之间以及城市与乡村之间的无边界特征和城市生活对农业的依赖，城市完全的自给自足应该无法实现。市民作为城市生活的主体，是决定城市环境的主要因素，因此，市民的自律性十分重要，这与自治理念相关。此前，城市的合理规模论被较多提起，还有人提出了将具体的城市规模作为理想城市的规模理念，利用城市规模的扩大和不同片区之间的连接，在远超可自律控制范围的当今城市中，究竟以何种方式实现城市的自律性理念，随着地方自治的推进，这成为迫切需要再次思考的课题。

（五）多种价值：珍惜区域文化和历史且包含多种价值的个性城市

与经历长久时间沉淀的城市相比，人为规划形成的城市在历史文脉、人性和趣味性方面有所欠缺。城市更新也切断了此前构建起的深厚人际关系和记忆的传承，平添了新的荒芜。简·雅各布斯（Jane Jacobs）在其著作《美国大城市的死与生》中对上述近代城市规划进行猛烈批判，对基于一元价值的规划论拉响了警钟。虽然如今对地域特色和历史文脉的重视已经成为城市规划的理念形成共识，但究竟如何将近代的城市空间和历史进行结合，并创造出未来新的地域特色，正在借助一个个规划实践进行摸索。城市是持有不同价值观的众多主体共享一定空间并共存的场所，需要在相互尊重并构建共存关系的环境中创造出全新的城市个性。

（六）空间的创造：拥有美丽街道和令人印象深刻的景观的魅力城市

在城市空间中构建具有美感的形态秩序是人类原本的欲求，纵观全球城市建设历史，对城市美感的追求是有计划性的构建城市的动机之一。尽管因宗教上的意志和权力的威力等因素造成背景差异，但时至今日，历史城市所特有的秩序的街道和令人印象深刻的珍贵文化遗产依然令我们感动。卡米洛·西特（Camillo Sitte）对这种历史城市的空间组成原理进行分析，为近代城市规划的方法论提供依据，凯文·林奇（Kevin Lych）通过抽取人们对城市所持有的空间概念，尝试设计出易于理解的并具有美感的城市。在这种理论研究不断进步的同时，理论家和建筑师也提出了城市空间的形态概念，二者同时形成实现规划的巨大推动力。到今天，营造富有魅力的城市景观仍是城市规划的主要主题，而以实现这种理想为目的的城市设计起着极大的作用。

第三节　城市规划的职能体系与任务

一、城市规划的职能

城市规划是建设和管理城市的基本依据，是保证城市合理地进行建设和城市土地合理地开发利用及正常经营活动的前提和基础，是实现城市社会经济发展目标的综合性手段。

在计划经济体制下，城市规划的任务是根据已有的国民经济计划和城市既定的社会经济发展战略，确定城市的性质和规模，落实国民经济计划项目，进行各项建设投资的综合部署和全面安排。

在市场经济体制下，城市规划的本质任务是合理地、有效地和公正地创造有序的城市生活空间环境。这项任务包括实现社会政治经济的决策意志及实现这种意志的法律法规和管理体制，同时也包括实现这种意志的工程技术、生态保护、文化传统保护和空间美学设计，以指导城市空间的和谐发展，满足社会经济文化发展和生态保护的需要。

依据城市的经济社会发展目标和环境保护的要求，根据区域规划等上层次的空间规划的要求，在充分研究城市的自然、经济、社会和技术发展条件的基础上，制定城市发展战略，预测城市发展规模，选择城市用地的布局和发展方向，按照工程技术和环境的要求，综合安排城市各项工程设施，并提出近期控制引导措施。

具体主要有以下九方面：第一，收集和调查基础资料，研究满足城市经济社会发展目标的条件和措施；第二，研究确定城市发展战略，预测发展规模，拟定城市分期建设的技术经济指标；第三，确定城市功能的空间布局，合理选择城市各项用地，并考虑城市空间的长远发展方向；第四，提出市域城镇体系规划，确定区域性基础设施的规划原则；第五，拟定新区开发和原有市区利用、改造的原则、步骤和方法；第六，确定城市各项市政设施和工程措施的原则和技术方案；第七，拟定城市建设艺术布局的原则和要求；第八，根据城市基本建设的计划，安排城市各项重要的近期建设项目，为各单项工程设计提供依据；第九，根据建设的需要和可能，提出实施规划的措施和步骤。

二、城市规划体系

城市规划体系包括规划法规、规划行政和规划运作（规划编制和开发控制）三个组成部分。

（一）城市规划法规体系

城市规划法规体系包括主干法及其从属法规、专项法和相关法，规划法规是现代城市规划体系的核心，为规划行政和规划运作提供法律依据。城市规划法的诞生与公共政策、公共干预密切相关，土地权力中公共权高于所有权。

城乡规划法是平衡国家、地方、企业、居民这四者之间的利益，保证城市发展的活力，实现城市土地等空间资源最有效配置的一种行政法。城市规划的法规体系是与国家的行政体制密切相关的，这是由城市规划的政府行为特点决定的。城市规划的法规体系从法律层面上奠定了城市规划在国家事务中的重要地位，城市规划的法规体系不是一成不变的，随着国家经济社会生活的变迁而变迁，"城乡统筹"观念的提出将很大程度上改变中国现行的城市规划法规体系。

国家城市规划法规体系是以《城乡规划法》为基本法，包括与之相配套的由行政法规组成的国家城市规划法规体系。地方城市规划法规体系是以各省、自治区、直辖市制定的《城乡规划法》实施条例或办法为基础的，以及与之相配套的行政法规组成的地方城市规划法规体系。

（二）城市规划行政体系

城市规划行政体系主要是通过"两证一书"的拟定与核发，实施对城市规划实施管理。

（三）城市规划运作体系

城市规划运作体系包括规划编制和开发控制。

城市规划是城市政府为达到城市发展目标而对城市建设进行的安排，尽管由于各国社会经济体制、城市发展水平、城市规划的实践和经验各不相同，城市规划的工作步骤、阶段划分与编制方法也不尽相同，但基本上都是按照由抽象到具体，从发展战略到操作管理的层次决策原则进行。一般城市规划分为城市发展战略和建设控制引导两个层面。

开发控制主要有三种形式：一是通则式规划管理。比较具体地制定开发控制规划的各项规定，作为规划管理的唯一依据，规划人员在审理开发申请个案时，几乎不享有自由量裁权，具有确定性和客观性的优点，但在灵活性和适应性方面较为欠缺。二是判例式规划管理。比较有原则性地制定开发控制规划的各项规定，规划人员在审理开发申请个案时享有较大的自由量裁权，具有灵活性和适应性的优点，但在确定性和客观性方面较为欠缺，如英国的审批制度。中国开发控制基本属于判例方式，规划审批主要依据是控制性详细规划。三是将通则式与判例式相结合的混合式开发控制。

三、各层次规划编制的主要任务和内容

编制城市规划一般分总体规划和详细规划两个阶段进行。大城市、中等城市为了进一步控制和确定不同地段的土地用途、范围和容量，协调各项基础设施和公共设施的建设，在总体规划基础上，可以编制分区规划。编制城市总体规划，应当先组织编制总体规划纲要，研究确定总体规划中的重大问题，作为编制规划成果的依据。城市总体规划纲要是对现行城市总体规划以及各专项规划的实施情况进行总结，对基础设施的支撑能力和建设条件做出评价；针对存在的问题和出现的新情况，从土地、水、能源和环境等城市长期的发展保障出发，依据全国城镇体系规划和省域城镇体系规划，着眼区域统筹和城乡统筹，对城市的定位、发展目标、城市功能和空间布局等战略问题进行前瞻性研究，作为城市总体规划编制的工作基础。设城市和县级人民政府所在地镇的总体规划，应当包括市或者县的行政区域的城镇体系规划。城市详细规划应当在城市总体规划或者分区规划的基础上，对城市近期建设区域内各项建设做出具体规划。城市详细规划分为控制性详细规划和修建性详细规划。城市详细规划应当包括：规划地段各项建设的具体用地范围、建筑密度和高度等控制指标，总平面布置、工程管线综合规划和竖向规划。

（一）城市总体规划纲要

城市总体规划应该根据城市经济、社会发展规划纲要，将其战略目标在城市物质空间上加以落实和具体化。为了使两者更好地衔接，在城市总体规划具体方案着手之前，先制订城市规划纲要。

城市规划纲要的任务是研究确立总体规划的重大原则，结合城市的经济、社会发展长远规划、国土规划、土地利用总体规划、区域规划，根据当地自然、历史、现状情况，确立城镇化地域发展的战略部署。

城市总体规划纲要是城市建设战略性的规划构想。在规划纲要阶段，除了研究确定城市的性质、规模之外，对可能产生的多个战略方案也应加以研究分析，诸如城市发展的方向、空间布局结构以及在时序关系上提出战略部署，如空间结构集中式或组团式，或先集中后分散的战略，先开发新区后改造旧区的战略等。规划纲要经城市人民政府同意后，作

为编制城市规划的依据。

主要内容包括如下内容。

1. 论证城市国民经济发展条件，原则确定城市发展目标。

2. 论证城市在区域中的地位，原则确定市（县）域城镇体系的结构与布局。

3. 原则确定城市性质、规模、总体布局、选择城市发展用地、提出城市规划区范围的初步意见。

4. 研究确定城市能源、交通、供水等城市基础设施开发建设的重大原则问题。

5. 实施城市规划的重要措施。

规划纲要成果以文字为主，辅以必要的城市发展示意性图纸，比例一般为 1/25 000~1/50 000。

（二）城市总体规划

城市总体规划是综合研究和确定城市性质、规模和空间发展状态，统筹安排城市各项建设用地，合理配置城市各项基础设施，处理好远期发展和近期建设的关系，指导城市合理发展。城市总体规划的期限一般为 20 年，同时做出城市远景的轮廓性规划安排。近期建设规划期限一般为 5 年。建制镇总体规划期限可以为 10 ~ 20 年，近期建设规划 3 ~ 5 年。

城市总体规划应当包括城市的性质、发展目标和发展规模，城市主要建设标准和定额指标，城市建设用地布局、功能分区和各项建设的总体部署，城市综合交通体系和河湖、绿地系统，各项专业规划，近期建设规划。

具体内容包括如下内容。

1. 编制城镇体系规划。调整城镇体系规模结构、职能分区和空间布局。

2. 确定城市性质和发展方向，划定城市规划区范围。

3. 提出规划期内城市人口及用地发展规模，确定城市建设与发展用地的空间布局、功能分区，以及市中心、区中心位置。

4. 确定城市对外交通系统的布局以及车站、铁路枢纽、港口、机场等主要交通设施的规模、位置，确定城市主、次干道系统的走向、断面、主要交叉口形式，确定主要广场、停车场的位置、容量。

5. 综合协调并确定城市供水、排水、防洪、供电、通信、燃气、供热消防、环卫等设施的发展目标和总体布局。

6. 确定城市河湖水系的治理目标和总体布局，分配沿海、沿江岸线。

7. 确定城市园林绿地系统的发展目标及总体布局。

8. 确定城市环境保护目标，提出防治污染措施。

9. 根据城市防灾要求，提出人防建设、抗震防灾规划目标和总体布局。

10. 确定需要保护的风景名胜、文物古迹、传统街区，规定保护和控制范围，提出保护措施，历史文化名城要编制专门的保护规划。

11. 确定旧区改建、用地调整的原则、方法和步骤，提出改善旧城区生产、生活环境的要求和措施。

12. 综合协调市区与近郊区村庄、集镇的各项建设，统筹安排近郊区村庄、集镇的居住用地、公共服务设施、乡镇企业、基础设施和菜地、园地、牧草地、副食品基地，划定需要保留和控制的绿色空间。

13. 进行综合技术经济论证，提出规划实施步骤、措施和方法的建议。

14. 编制近期建设规划，确定近期建设目标、内容和实施部署。建制镇总体规划的内容可以根据其规模和实际需要适当简化。

城市总体规划的文件及主要图纸包括如下内容。

1. 文件包括规划文本和附件，规划说明及基础资料收录附件。规划文本是对规划的各项目标和内容提出规定性要求的文件，规划说明是对规划文本的具体解释。

2. 图纸包括市县、域城镇布局现状图、城市现状图、用地评定图、市县、域城镇体系规划图、城市总体规划图、道路交通规划图、各项专业规划图及近期建设规划图。图纸比例为大、中城市为 1/10 000 ~ 1/25 000，小城市为 1/5000 ~ 1/10 000，其中，建制镇为 1/5000；市县、域城镇体系规划图的比例由编制部门根据实际需要确定。

城市总体规划的强制性内容包括如下内容。

1. 城市规划区范围。

2. 市域内应当控制开发的地域。包括基本农田保护区、风景名胜区、湿地、水源保护区等生态敏感区、地下矿产资源分布地区。

3. 城市建设用地。包括规划期限内城市建设用地的发展规模；土地使用强度管制区划和相应的控制指标建设用地面积、容积率、人口容量等 .；城市各类绿地的具体布局；城市地下空间开发布局。

4. 城市基础设施和公共服务设施。包括城市干道系统网络、城市轨道交通网络、交通枢纽布局；城市水源地及其保护区范围和其他重大市政基础设施；文化、教育、卫生、体育等方面主要公共服务设施的布局。

5. 城市历史文化遗产保护。包括历史文化保护的具体控制指标和规定；历史文化街区、历史建筑、重要地下文物埋藏区的具体位置和界线。

6. 生态环境保护与建设目标，污染控制与治理措施。

7. 城市防灾工程。包括城市防洪标准、防洪堤走向；城市抗震与消防疏散通道；城市人防设施布局；地质灾害防护规定。

（三）城市近期建设规划

近期建设规划的期限原则上应当与城市国民经济和社会发展规划的年限一致，并不得违背城市总体规划的强制性内容。近期建设规划到期时，应当依据城市总体规划组织编制新的近期建设规划。

近期建设规划的内容应当包括如下内容。

1. 确定近期人口和建设用地规模，确定近期建设用地范围和布局。

2. 确定近期交通发展策略，确定主要对外交通设施和主要道路交通设施布局。

3. 确定各项基础设施、公共服务和公益设施的建设规模和选址。

4. 确定近期居住用地安排和布局。

5. 确定历史文化名城、历史文化街区、风景名胜区等的保护措施，城市河湖水系、绿化、环境等保护、整治和建设措施。

6.确定控制和引导城市近期发展的原则和措施。

近期建设规划的成果应当包括规划文本、图纸，以及包括相应说明的附件。在规划文本中应当明确表达规划的强制性内容。

四．分区规划

分区规划的主要任务是在总体规划的基础上，对城市土地利用、人口分布和公共设施、城市基础设施的配置做出进一步的安排，以便与详细规划更好地衔接。

分区规划内容包括如下内容。

1.原则规定分区内土地使用性质、居住人口分布、建筑及用地的容量控制指标。

2.确定市、区、居住区级公共设施的分布及其用地范围。

3.确定城市主、次干道的红线位置、断面、控制点坐标和标高，确定支路的走向、宽度以及主要交叉口、广场、停车场位置和控制范围。

4.确定绿地系统、河湖水面、供电高压线走廊、对外交通设施、风景名胜的用地界线和文物古迹、传统街区的保护范围，提出空间形态的保护要求。

5.确定工程干管的位置、走向、管径、服务范围以及主要工程设施的位置和用地范围。

分区规划文件及主要图纸包括如下内容。

1.文件包括规划文本和附件，规划说明及基础资料收录附件。

2.图纸包括：规划分区位置图、分区现状图、分区土地利用及建筑容量规划图、各项专业规划图。图纸比例为1/5 000。

五．控制性详细规划

控制性详细规划用以控制建设用地性质、使用强度和空间环境，作为城市规划管理的依据，并指导修建性详细规划的编制。控制性详细规划确定的各地块的主要用途、建筑密度、建筑高度、容积率、绿地率、基础设施和公共服务设施配套规定应当作为强制性内容。

控制性详细规划内容包括如下内容。

1.详细规定所规划范围内各类不同使用性质用地的界线，规定各类用地内适建、不适建或者有条件地允许建设的建筑类型。

2.规定各地块建筑高度、建筑密度、容积率、绿地率等控制指标；规定交通出入口方位、停车泊位、建筑后退红线距离、建筑间距等要求。

3.提出各地块的建筑体量、体形、色彩等要求。

4.确定各级支路的红线位置、体形、色彩等要求。

5.根据规划容量，确定工程管线的走向、管径和工程设施的用地界线。

6.规定相应的土地使用与建筑管理规定。

控制性详细规划的文件和图纸包括如下内容。

1.文件包括规划文本和附件、规划说明及基础资料收录附件。规划文本中应当包括规划范围内土地使用及建筑管理规定。

（2）图纸包括规划地区现状图、控制性详细规划图纸。比例为 1/1 000 ～ 1/2 000。

（六）修建性详细规划

修建性详细规划是针对当前需要进行建设的地区编制更为详细的城市规划，用以具体指导各项建设和工程设施的设计与施工。

修建性详细规划内容包括：1. 建设条件分析及综合技术经济论证；2. 布置总平面图；3. 道路交通规划设计；4. 绿地系统设计；5. 工程管线设计；6. 竖向规划设计；7. 估算工程量、拆迁量和总造价，分析投资效益。

修建性详细规划包括文件和图纸；文件为规划设计说明书；图纸为现状图、总平面图、各项专业规划图、竖向规划图，透视图。比例 1/500 ～ 1/2000。

第四节　城市规划行政与管理

一、城市规划行政

城市规划采用"两证一书"的拟定与核发实施管理。

（一）选址意见书

城市规划区内建设工程的选址和布局必须符合城市规划，设计任务书报请批准时，必须附有城市规划行政主管部门的选址意见书。选址意见书的目的是保障建设项目的选址和布局科学合理，符合城市规划的要求，实现经济效益、社会效益和环境效益的统一。选址意见书依据《城乡规划法》、城市总体规划、《建设项目选址规划管理办法》发放。

选址原则包括：1. 符合城市规划确定的用地性质；2. 与城市道路、交通、能源、通讯、给水排水、煤气、热力等专项规划相衔接；3. 公共设施配套；4. 符合环保规划、风景名胜及文物古迹保护规划要求；5. 符合城市防洪、防火、防爆、防震等要求。

选址意见书由建设单位持批准立项的有关文件和项目的基本情况向规划部门提出申请。未选地址项目，由规划部门确定项目地址和用地范围，并以选址意见书的方式通知建设单位；已选地址项目，由规划部门予以确认或予以否认。

（二）建设用地规划许可证

项目选址批准后，必须向规划部门正式办理申请用地手续，规划部门必须提出规划设计条件，对用地的数量和具体范围予以确认，并核发"建设用地规划许可证"。按出让、转让方式取得的建设用地，应在合同内容中包括规划规定的地块位置、范围、使用性质和有关技术指标。"建设用地规划许可证"是向土地管理部门申请土地使用权必备的法律凭证。

建设用地规划设计条件一般包括土地使用规划性质、容积率、建筑密度、建筑高度、基地主要出入口、绿地比例以及土地使用其他规划设计要求。

（三）建设工程规划许可证的核发

建设单位或者个人在取得建设用地规划许可证后，方可向县级以上地方人民政府土地管理部门申请用地，经县级以上人民政府审查批准后，由土地管理部门划拨土地。在城市规划区内新建、扩建和改建建筑物、构筑物、道路、管线和其他工程设施，必须按规划设计条件提出设计成果，规划部门按批准的图纸组织放线、验线后，方可核发建设工程规划许可证。建设单位或者个人在取得建设工程规划许可证件和其他有关批准文件后，方可申请办理开工手续。

二、城市规划编制和审批

市人民政府负责组织编制城市规划。县级人民政府所在地镇的城市规划，由县级人民政府负责组织编制。城市总体规划和城市分区规划的具体编制工作由城市人民政府建设主管部门（城乡规划主管部门）承担。城市人民政府应当依据城市总体规划，结合国民经济和社会发展规划以及土地利用总体规划，组织制订近期建设规划。控制性详细规划由城市人民政府建设主管部门（城乡规划主管部门）依据已经批准的城市总体规划或者城市分区规划组织编制。修建性详细规划可以由有关单位依据控制性详细规划及建设主管部门（城乡规划主管部门）提出的规划条件，委托城市规划编制单位编制。

城市规划坚持分级审批制度，保障城市规划的严肃性和权威性。

直辖市的城市总体规划，由直辖市人民政府报国务院审批。省和自治区人民政府所在地城市或城市人口在100万以上的城市及国务院指定的其他城市的总体规划，由省、自治区人民政府审查同意后，报国务院审批。其他设市城市和县级人民政府所在地镇的总体规划，报省、自治区、直辖市人民政府审批，其中市管辖的县级人民政府所在地镇的总体规划，报市人民政府审批。其他建制镇的总体规划，报县级人民政府审批。

城市人民政府和县级人民政府在向上级人民政府报请审批城市总体规划前，必须经同级人民代表大会或者其常务委员会审查同意。

城市分区规划经当地城市规划主管部门审核后，报城市人民政府审批。

城市详细规划由城市人民政府审批；编制分区规划的城市的详细规划，除重要的详细规划由城市人民政府审批外，由城市人民政府城市规划行政主管部门审批。

城市人民政府和县人民政府在向上级人民政府报请审批城市总体规划前，必须经同级人民代表大会或者其常务委员会审查同意。

城市人民政府可以根据城市经济和社会发展需要，对城市总体规划进行局部调整，报同级人民代表大会常务委员会和原批准机关备案；但涉及城市性质、规模、发展方向和总体布局重大变更的，必须经同级人民代表大会或者其常务委员会审查同意后报原批准机关审批。

三、规划师的职业道德

规划师的职业道德首先要从城市规划本身说起。城市规划的实质可以理解为指导各级政府和经济主体进行建设的公共政策，是在社会各个层面上进行，并在政治经济主体之间进行资源分配的政治行为过程。目前，制定实施城市公共政策的最主要的主体是城市政府，因此，规划师在工作中客观上受当地主管部门、政府领导的制约。

规划师的职业道德应该采取以下几种措施。

1.应该将规划师的道德教育放在人才培养的重要地位，在既有的职业教育体系中，增加切实有效的职业道德教育。

2.规范城市规划编制的行为，重新确立规划师的职业角色。城市规划是一个复杂而综合的社会过程，而不是一个单纯的技术行为，更不应该将其作为一个商业行为。所有的城市规划从编制计划开始到编制成果的审查，都应该建立公示制度。将政府性的规划与市场性的设计进行严格的区分。

3.强化城市规划法定的地位，为规划师坚守争议提供有力支持。进一步明确规划的严肃性和对违法行为的处罚权，并对规划师的正当职业行为和权益予以保障，使其免受不当的权力干扰。

4.加快培育公民社会，加强社会力量对城市规划的全程监管。成熟健康的公民社会不仅可以对规划师的职业道德操守进行公正的监督，而且也是对规划公众性、公平性和严肃性的有力保障，是规划师值得信赖和可以依托的重要力量。

第二章 区域规划和城市总体规划

第一节 城市总体布局

城市总体布局是城市的社会、经济、环境以及工程技术与建筑空间组合的综合反映，也是城市总体规划的重要工作内容。它是在基本明确了城市发展纲要的基础上，根据大体确定的城市性质和规模，结合城市用地评定，对城市各组成部分的用地空间进行统一安排、合理布局，使其各得其所、有机联系。它是一项为城市长期合理发展奠定基础的全局性工作，可作为指导城市建设的规划管理基本依据之一。

城市总体布局是通过城市用地组成的不同形态体现出来的。城市总体布局的核心是城市用地功能组织，它是研究城市各项主要用地之间的内在联系。根据城市的性质和规模，在分析城市用地和建设条件的基础上，将城市各组成部分按其不同功能要求有机地组合起来，使城市有一个科学、合理的用地布局。

一、城市总体布局的基本原则

城市总体布局要力求科学、合理，要切实掌握城市建设发展过程中需要解决的实际问题，按照城市建设发展的客观规律，对城市发展做出足够的预见。它既要经济合理地安排近期各项建设，又要相应地为城市远期发展做出全盘考虑。科学合理的城市总体布局必然会带来城市建设和经营管理的经济性。城市总体布局是在一定的历史时期内，一定的自然条件下，一定的生产、生活要求下的产物。通过城市建设的实践，得到检验，发现问题，修改完善，充实提高。

（一）影响城市总体布局的因素

城市总体布局的形成与发展取决于城市所在地域的自然环境、工农业生产、交通运输、动力能源和科技发展水平等因素，同时也必然受到国家政治、经济、科学技术等发展阶段与政策的作用。

随着生产力的发展，科学技术的不断进步，规划布局所表现的形式也在不断发展。例如，社会改革和政策实施的积极作用，工业技术革命及城市产业结构的变化、交通运输的改进与提高、新资源的发现、能源结构的改变等因素，都会对未来城市的布局产生实质性的影响。

城市存在于自然环境中，除了受到国家的政治、经济、科学技术等因素支配外，还有来自城市本身和城市周围地区两方面的影响。生产力的发展水平和生产方式、城市的性质和规模、城市所在地区的资源和自然条件、生态平衡与环境保护、工业和交通运输等因素，都会在不同程度上影响城市总体布局的形成和发展。

（二）城市总体布局的基本原则

城市总体布局应体现前瞻性、综合性和可操作性，紧密结合中国城镇化发展的基本方针，坚持走中国特色的城镇化道路，按照循序渐进、节约土地、集约发展、合理布局的基本要求，努力形成资源节约、环境友好、经济高效、社会和谐的城镇发展新格局，取得社会效益、经济效益和环境效益的统一。具体应当综合考虑以下四方面的要求。

1.增强区域整体发展观念，考虑城乡统筹发展

分析影响城市与区域整体性发展的各个因素，把握区域空间演化的整体态势。在城镇化发达地区，现在已出现了城市群、大都市连绵区等新形式的空间聚合模式，空间扩展、经济联系、交通组织等方面都呈现出一体化的态势。相对而言，落后地区的城市则呈现城镇化水平低、城镇规模小、功能弱、基础设施不健全等特点。

认真分析区域性产业结构调整和产业布局的影响。区域性的产业结构调整和转型发展可以直接影响到城市功能的转变。对于区域经济中心城市，应将产业结构的高级化作为主要方向。对一般城市，则应根据自身的条件，调整和完善城市产业结构，明确具有竞争能力又富有效益的产业，也就是发展优势较高的产业，并在规划布局中为之提供积极发展的条件。

认真分析区域性生态资源条件的承载能力。区域是生态与环境可持续发展的基本单位，良好城市环境的创造和生态环境的可持续发展必须基于区域的尺度寻求解决的方案和对策。

认真分析区域性重大基础设施建设的影响。一方面应加强对支撑城市发展的战略性基础设施的研究；另一方面，重视新的区域性重大基础设施项目的建设对城市布局形态可能产生的影响。

促进城乡融合，建立合理的城乡空间体系。在城镇化进程中，应注重实现城市现代化和农村产业化同步发展。在发展大中城市的同时，有计划地积极发展小城镇，通过建立合理的城乡空间体系，以市域土地资源合理利用和城镇体系布局为重点，通过各级城镇作用的充分发挥，推动实现农村现代化，使城乡逐步融合，共同繁荣。

2.重点安排城市主要用地，强化规划结构

集中紧凑，节约用地，提高用地布局的经济合理性。城市总体布局在保证城市正常功能的前提下，应尽量节约用地，集中紧凑，缩短各类工程管线和道路的长度，节约城市建设投资，方便城市管理。城市总体布局要十分珍惜有限的土地资源，尽量少占农田，不占良田，兼顾城乡，统筹安排农业用地和城市建设用地。

明确重点，抓住城市建设和发展的主要矛盾。努力找出并抓住规划期内城市建设发展的主要矛盾，作为构思总体布局的切入点。对以工业生产为主的生产城市，其规划布局应从工业布局入手；交通枢纽城市则应以有关交通运输的用地安排为重点；风景旅游城市应先考虑风景游览用地和旅游设施的布局。城市往往是多职能的，因此，要在综合分析基础上，分清主次，抓住主要矛盾。

规划结构清晰明确，内外交通便捷。城市规划用地结构是否清晰是衡量用地功能组织合理性的一个指标。城市各主要用地既要功能明确，相互协调，同时还要有安全便捷的交通联系，把城市组织成一个有机的整体。城市总体布局要充分利用自然地形、江河水系、城市道路、绿地林带等空间来划分功能明确、面积适当的各功能用地，在明确道路系统分工的基础上促进城市交通的高效率，并使城市道路与对外交通设施和城市各组成要素之间均保持便捷的联系。

3. 弹性生长，近远期结合，为未来预留发展空间

重视城市分期发展的阶段性，充分考虑近期建设与远期发展的衔接。城市远期规划要坚持从现实出发，城市近期建设规划则应以远期规划为指导。城市近期建设要坚持紧凑、经济、可行、由内向外、由近及远、成片发展，并在各规划期内保持城市总体布局的相对完整性。

旧区更新与新区建设联动发展。城市总体布局要把城市现状要素有机地组织进来，既要充分利用现有物质基础发展新区，又要为逐步调整或改造旧区创造条件。在旧城更新中要防止两种倾向：其一是片面强调改造，大拆大迁过早拆旧，其结果就可能使城市原有建筑风貌和文物古迹受损；其二是片面强调利用，完全迁就现状，其结果必然会使旧城区不合理的布局长期得不到调整，甚至阻碍城市的发展。

考虑城市建设发展的不可预见性，预留发展弹性。所谓"弹性"即是城市总体布局中的各组成部分对外界变化的应变能力和适应能力，如对于经济发展的速度调整、科学技术的新发展、政策措施的修正和变更等的应变能力和适应能力。规划布局中某些合理的设想，若短期内实施有困难，就应当通过规划管理严加控制，为未来预留实现的可能性。

4. 保护生态和环境，塑造城市特色风貌

以生态与环境资源的承载力作为城市发展的前提。城市总体布局中，应控制无序蔓延，明确增长边界。同时要十分注意保护城市地区范围内的生态环境，力求避免或减少由于城市开发建设而带来的自然环境的生态失衡。

保护环境，因地制宜，建立城市与自然的和谐发展关系。城市总体布局要有利于城市生态环境的保护与改善，努力创造优美的城市空间景观，提高城市的生活质量。慎重安排污染严重的工厂企业的位置，预防工业生产与交通运输所产生的废气污染与噪声干扰。加强城市绿化建设，尽可能地将原有水面、树林、绿地有机地组织到城市中来。

注重城市空间和景观布局的艺术性，塑造城市特色风貌。城市空间布局是一项艺术创造活动。城市中心布局和干道布局是体现城市布局艺术的重点，城市轴线是组织城市空间的重要手段。

二、城市总体布局模式

（一）城市总体布局的集中和分散

城市的总体布局千差万别，但其基本形态大体上可以归纳为集中紧凑与分散疏松两大类别。各种理想城市形态也都基本可以回归到这两种模式。

在集中式的城市布局模式中，城市各项主要用地集中、成片、连续布置。城市各项用地紧凑、节约，便于行政领导和管理，有利于保证生活经济活动联系的效率和方便居民生活。有利于设置较为完善的生活服务设施，可节省建设投资。一般情况下，中小规模的城市较适宜采取集中发展的模式。但是，采用集中式发展的城市要注意预防过度集中造成的城市环境质量下降和功能运转困难，同时还应注意处理好近期和远期的关系。规划布局要具有弹性，为远期发展留有余地，避免虽然近期紧凑，但远期出现功能混杂的现象。

分散式的布局形态较适宜大城市和特大城市，以及受自然条件限制造成城市建成区集中布局困难的城市。由于受河流、山川等自然地形、矿藏资源或交通干道的分隔，形成相对独立的若干片区，这种情况下的城市布局比较分散，彼此联系不太方便，市政工程设施的投资会提高一些。它最主要的特征是城市空间呈现非集聚的分布方式，包括组团状、带状、星状、环状、卫星状等多种形态。

应该指出，城市用地布局采取集中紧凑或分散疏松，受到多方面因素的影响。而同一个城市在不同的发展阶段，其用地扩展形态和空间结构类型也可能是不同的。一般来说，早期的城市通常是集中式的，连片地向郊区拓展。当城市空间再扩大或遇到障碍时，则开始采取分散的发展方式。随后，由于发展能力加强，各组团彼此吸引，城市又趋集中。最后城市规模太大需要控制时，又不得不以分散的方式，在其远郊发展卫星城或新城。因此，选择合理的城市发展形态，需要考虑城市所处发展阶段的特点。

（二）基本城市形态类型

1. 集中型形态

集中型形态是指城市建成区主轮廓长短轴之比小于4：1的用地布局形态，是长期集中紧凑全方位发展形成的，其中还可以进一步划分成网格型、环形放射型、扇型等子类型。

网格型城市又称棋盘式，是最为常见和传统的城市空间布局模式。城市形态规整，由相互垂直的道路构成城市的基本空间骨架，易于各类建筑物的布置，但如果处理得不好，也易导致布局上的单调。这种城市形态一般容易在没有外围限制条件的平原地区形成，不适于地形复杂地区。这一形态能够适应城市向各个方向上扩展，更适合于汽车交通的发展。由于路网具有均等性，各地区的可达性相似，因此，不易于形成显著的、集中的中心区。

环形放射型是大中城市比较常见的城市形态，由放射形和环形的道路网组成，城市交通的通达性较好，有很强的向心紧凑发展的趋势，往往具有高密度较强的、展示性、富有生命力的市中心。这类形态的城市易于利用放射道路组织城市的空间轴线和景观，但最大的问题在于有可能造成市中心的拥挤和过度聚集，同时用地规整性较差，不利于建筑的布置。这种形态一般不适于小城市。

2. 带型形态

带型形态又称线状形态。是指城市建成区主体平面的长短轴之比大于 4 : 1 的用地布局形态。带状城市大多是由于受地形的限制和影响，城市被限定在一个狭长的地域空间内，沿主要交通轴线两侧呈单向或双向发展，平面景观和交通流向的方向性较强。这种城市的空间组织有一定优势，但规模应有一定的限制。带状城市必须发展平行于主轴的交通线，但城市空间不宜拉得过长，否则市内交通运输的成本很高。其子形态有 U 形、S 形、环形等，典型城市如中国的深圳、兰州等。

环状形态在结构上可看成是带状城市在特定情况下首尾相接的发展结果。城市一般围绕着湖泊、山体、农田等核心要素呈环状发展，由于形成闭合的环状形态，与带状城市相比，各功能区之间的联系较为方便。由于环形的中心部分以自然空间为主，可为城市创造优美的景观和良好的生态环境。但除非有特定的自然条件限制或严格的控制措施，否则城市用地向环状的中心扩展的压力极大。

3. 放射型形态

放射型形态是指城市建成区总平面的主体团块有三个以上明确发展方向的布局形态。大运量公共交通系统的建立对这一形态的形成具有重要影响，加强对发展走廊非建设用地的控制是保证这种发展形态的重要条件。包括指状、星状、花瓣状等子形态。

星状形态的城市通常是从城市的核心地区出发，沿多条交通走廊定向向外扩张形成的空间形态，发展走廊之间保留大量的非建设用地。这种形态可以看成环形放射城市的基础上叠加多个线形城市形成的发展形态。

4. 星座型形态

星座型形态又称为卫星状形态。城市总平面包含一个相当大规模的主体团块和三个以上较次一级的基本团块组成的复合形态。

星座型形态的城市一般是以大城市或特大城市为中心，在其周围发展若干个小城市而形成的。一般而言，中心城市有极强的支配性。而外围小城市具有相对独立性，但与中心城市在生产、工作和文化、生活等方面都有非常密切的联系。这种形态有利于在大城市及大城市周围的广阔腹地内，形成人口和生产力的均衡分布，但在其形成阶段往往受自然条件、资源情况、建设条件、城镇形状以及中心城市发展水平与阶段的影响。实践证明，为控制大城市的规模，疏散中心城市的部分人口和产业，有意识地建设远郊卫星城是有一定效果的。但卫星城的建设仍要审慎研究卫星城的现有基础、发展规模、配套设施以及与中心城市的交通联系等问题，否则效果可能并不理想。

5. 组团型形态

组团型形态是指城市建成区具有两个以上的相对独立的主体团块和若干基本团块组成的布局形式。一个城市被分成若干块不连续城市用地，每块之间被农田、山地、较宽的河流、大片的森林等分割。这类城市的规划布局可根据用地条件灵活编制，比较好处理城市发展的近、远期关系，容易接近自然，并使各项用地各得其所。关键是要处理好集中与分散的"度"，既要合理分工、加强联系，又要在各个组团内形成一定规模，使功能和性质相近的部门相对集中，分块布置。组团之间必须有便捷的交通联系。

6. 散点型形态

散点型形态的城市没有明确的主体团块，相对独立的若干基本团块在较大的空间区域内呈现出自由、分散的布局特征。

（三）多中心与组群城市

组群城市的空间形态是城市在多种方向上不断蔓延发展的结果。多个不同的片区或城市组团在一定的条件下独自发展，逐步形成不同的多样化的焦点和中心以及轴线。

第二节　不同类型的城市总体布局

一、矿业城市

在矿业城市中，矿区生产不同于一般工业生产，矿区资源条件是矿区工业布局的自然基础，矿区工业的布局与矿井分布有密切的关系，因此，矿藏分布对矿区城市的结构有决定性的影响。在一般情况下，矿井分布比较分散，因此，也就决定了矿业城市总体布局分散性的特点。此外，矿区有一定的蕴藏量和一定的开采年限。因此，矿区城市的发展年限、规模和布局必须与矿区开发的阶段相适应。

例如，煤矿城市，在矿区处于开始建设阶段，应着重考虑如何迅速建成煤炭工业本身比较完整的体系以及交通、电力、给排水、建筑材料等先行部门的配合建设；在矿区建设达到或接近规划最终规模时，应充分利用煤炭资源和所在城镇与地区的有利条件，合理利用劳动力，有重点地建设一些经济上合理而必要的加工工业部门，形成具有综合发展程度较高的采矿业与制造业相结合的工矿城市；在矿区或矿井接近衰老阶段，则应尽早寻找后备矿区，并事先考虑煤产递减期间和报废以后如何利用现有工业建筑、公用设施和居民点，规划好拆迁、改建、转产、城镇工业发展方向的调整及居民点的迁留等问题。

由于矿区大多分布在山区丘陵地带和地质构造比较复杂的地方，因此，城市规划布局要很好地考虑地形条件和地质条件。矿区各项用地的布置要考虑到矿藏的范围，避免压矿（特别是浅层矿层），以免影响开采。

矿区生产需要频繁的交通运输，仅靠汽车运输是不够的，还必须考虑采用矿区内部窄轨铁路、内燃机车、架空索道、管道运输等专用交通方式。而且运输管线与设施占地较大，这对矿区工业生产布局有很大影响。

矿区工业生产的特点决定了矿区居民点难以集中布局，但居民点过于分散，不便组织生活，因此应做到集中与分散相结合。一般可选择条件较好、位置适中的地段作为整个矿区城市的中心居民点，选择其中人口、工业、生活服务与文化设施齐全的可作为全矿区的行政管理与公共服务的中心。其他的居民点规模应与矿井的生产能力相适应，并与中心居民点（城镇）有方便的交通联系。

矿区与农村的联系较为密切，在进行矿区总体布局的同时，应尽可能地结合考虑矿区所在地区的工农业基本建设，把矿区的开发与农田基本建设、大工业与乡镇工业、矿区公路与农村规划道路、矿区供电和农村用电、村庄的改建与矿工生活区的组织、矿区公共服务设施的分布与农村使用要求等统一考虑，使工农业相互支援，城乡相互促进、协调发展。

二、风景旅游和纪念性城市

随着生产的不断发展和经济文化水平的提高，中国的旅游事业将不断地得到发展，风景旅游城市的建设也将进一步发展与提高。风景旅游城市，首先体现在对风景的充分保护与开发利用，并为发展旅游事业服务这一主要的城市职能上。作为一个风景游览性质的城市，在城市布局上就应当充分发挥风景游览这一主要的经济和文化职能的作用。在风景游览城市的总体规划布局中，应着重处理好以下几方面的关系。

（一）城市布局要突出风景城市的个性，维护风景和文物的完整性

中国许多著名的风景城市，无论在自然条件、空间组织、园林艺术及建筑等方面，都具有独特的风格，明显地区别于其他城市。风景游览城市的布局，首先必须强调突出城区和游览区的特色并充分发挥它们的固有特点。特别注意维护和发展风景城市的完整面貌，突出风景点的建设和历史文物古迹的保护。

（二）正确处理风景与工业的关系

首先，从工业性质方面加以严格控制，合理选择工业项目。在风景游览城市中，可以发展少量为风景游览服务的工业，以及清洁无害、占地小、职工人数少的工业。其次，合理选择工厂建设的地点，使工业建设有利于环境保护，并与周围自然环境取得配合。对具有特殊条件的风景城市，如当地有大量优质矿藏等必须发展对风景有影响的工业时，则应从更大的地区范围内合理地分布这些工业。对那些占地较多、污染较大的冶金、化工、水泥等工业应严格禁止设在市区及风景区的周围。对于已经布置在风景区或风景城市内的工

业，应根据其对城市环境与风景的影响程度，分别采取强制治理、改革工艺、迁移等不同的办法，逐步加以解决。

（三）正确处理风景区与居住区的关系

一般不应该将风景良好的地方发展为居住区。这不仅会破坏风景区的完整性，同时居民的日常生活活动也会对风景游览带来一定的影响。

（四）正确处理风景与交通的关系

风景旅游城市要求客运车站、码头尽可能靠近市区，而又不致影响城市与风景区的发展。运输繁忙的公路、铁路、港口、机场等，在一般情况下不应穿过风景游览区和市区。在临近湖泊、江河、海滨的风景城市，则应充分利用广阔的水面，组织水上交通。市内的道路系统，应按道路交通的不同功能加以分类与组织。游览道路的组织是道路系统中重要内容之一。游览道路的布局与走向应结合自然地形与风景特征，为游人创造良好的空间构图和最佳景观效果。

（五）正确处理风景游览与休、疗养地及纪念性城市的关系

在风景优美而又具备疗养条件的城市中，还往往开辟休、疗养区。风景区是对全体游人开放的，而休、疗养区则为一定范围内的休、疗养人员服务。因此，如果将休、疗养区设在许多风景点附近，在实际上势必缩小游览面积，减少游览内容和可容纳的游人数量。往来频繁的游人也会影响休、疗养区的安全与卫生。休养区为健康人的短期休养服务，而疗养区为不同类型的病人服务，因此，在用地布局上也有不同的要求。

纪念性城市的政治或文化历史意义比较重要，革命纪念旧址或历史文化遗迹在城市中分布较多，它们在城市布局中往往占有一定的主导地位，如革命圣地延安，历史名城遵义等。纪念性城市，在规划中，应突出革命纪念地和历史文物遗址在城市总体布局中的主导地位，正确处理保护革命纪念旧址、历史文物与新建建筑物之间的关系。搞好城市绿化布局与环境的配置，保持纪念性城市特有的风貌。

三、山区城市

山区城市的地形条件比较复杂，用地往往被江河、冲沟、丘谷分割，由于地形条件比较复杂，地形高差较大，平地很少，工农业在占地上的矛盾往往较为突出，这就给工业、铁路场站以及工程设施的布置带来一定的困难。一般情况下，首先应将坡度平缓的用地尽量满足地形条件要求较高的工业、交通设施等需要。此外，高低起伏的地形条件，也可以给规划与建设带来一些有利的因素，如利用地形高差布置车间、仓库及水塔、贮水池、烟囱等工程构筑物，利用自然地形屏障规划与布置各种地下与半地下建筑，利用自然水体、山冈丘陵布置园林绿化。山区城市的布局往往受到自然地形条件的限制，形成以下几种形

式的分散布局。

（一）组团式布局

城市用地被地形分隔呈组团式布局。工业成组布置，每片配置相应的居住区和生活服务设施。片与片之间保持着一定距离。各片之间由道路、铁路或水运连接。在这类城市的总体布局中，工业的布局不宜分布过散，应根据工业的不同性质尽可能紧凑集中，成组配置。每个组团不宜太小，必须具备一定的规模和配置完善的生活服务设施。

（二）带状布局

受高山、峡谷和河流等自然条件的限制，城市沿河岸或谷地方向延伸形成带状布局。其主要特点是平面结构与交通流线的方向性较强，但其发展规模不宜过大，城市不宜拉得太长，必须根据用地条件加以合理控制，否则将使工业区与居住区等交错布置，或使交通联系发生困难，增加客流的时间消耗。城市中心宜布置在适中地段或接近几何中心位置。若城市规模较大，分区较多，除了全市性公共活动中心以外，还应建立分区的中心。工业与对外交通设施不应将城市用地两端堵塞封闭。在谷地布置工业，要特别注意地区小气候的特点与影响，避免将有污染的工业布置在容易产生逆温层的地带或静风地区。

（三）分片布局

是大城市或特大城市在山区地形条件十分复杂的条件下采取的一种布局方式。

四、港口城市

港口是港口城市发展的基础。岸线的自然条件也是港口城市规划布局的基础，尤其深水岸线是港口城市赖以发展的生命线。港口城市的规划布局，应重点考虑以下几方面的问题。

（一）统筹兼顾，全面安排，合理地分配岸线

岸线使用分配得合理与否对整个城市布局的合理性关系甚大。规划必须贯彻"深水深用、浅水浅用、分区管理、合理布局"的原则，使得每一段岸线都能得到充分的利用。根据港区作业与城市生产、生活的要求，统筹兼顾，全面安排港区各项用地、工业用地和城市各项建设用地。应根据不同要求，合理分配岸线，协调港口装卸运输和其他建设使用岸线的矛盾。对于城市人民的文化和生活必需的岸线要加以保证，为城市居民创造良好的生活与游憩条件。

（二）合理组织港区各作业区，提高港口的综合运输能力，使港口建设和城市建设协调发展

港区内各作业区的安排，对城市用地布局有直接的影响。客运码头应尽量接近市中心

地段，并和铁路车站、市内公共交通有方便的联系。旅客进出码头的线路不应穿过港口其他的作业区。如果水陆联运条件良好，最好应设立水陆联运站。为城市服务的货运码头，应布置在居住区的外围，接近城市仓库区并与生产消费地点保持最短的运输距离。转运码头则要求布置在城市居住区以外且与铁路、公路有良好联系。大型石油码头应远离城市，其水域也应和港区其他部分分开，并位于城市的下风和河流的下游。超大型船舶的深水泊位，有明显的向河口港下游以及出海处发展的趋势。

海港城市的无线电台较多，因此，对有关空域必须加以合理规划与管理。为避免相互干扰，应分别设置无线电收发讯台的区域。收讯台占地较大，以远离市区为宜。发讯台占地较少，对城市影响也较小，可设在市区。

（三）结合港口城市特点，创造良好的城市风貌

充分利用港口城市独特的自然条件来创造良好的城市空间与总体艺术面貌。在城市空间布局与建筑艺术构图上，要考虑人们在城市内的日常活动的空间要求，还要考虑在海面上展望城市的面貌。

第三节　区域规划概论

一、区域规划的基本概念及分类

（一）区域规划的基本概念

区域规划是一项具有综合性、战略性和政策性的规划工作。它是指在一个特定的地区范围内，根据国土空间规划、国民经济和社会发展规划和区域的自然条件及社会经济条件，对区域的工业、农业、第三产业、城镇居民点以及其他各项建设事业和重要工程设施进行全面的发展规划，并做出合理的空间配置，使一定地区内社会经济各部门和各分区之间形成良好的协作配合，城镇居民点和区域性基础设施的网络更加合理，各项工程设施能够有序地进行，从战略意义上保证国民经济和社会的合理发展和协调布局，以及城市建设的顺利进行。简而言之，区域规划是在一个地区内对整个国土空间规划、国民经济和社会发展规划进行总体的战略部署。

（二）区域规划的分类

根据区域空间范围、类型、要素的不同，可以将区域规划划分为三种类型。

1. 国土规划

国土规划由国家级、流域级和跨省级三级规划和若干重大专项规划构成国家基本的国土规划体系。它的目的是确立国土综合整治的基本目标；协调经济、社会、人口资源、环境诸方面的关系，促进区域经济发展和社会进步。

2. 都市圈规划

都市圈规划是以大城市为主，以发展城市战略性问题为中心，以城市或城市群体发展为主体，以城市的影响区域为范围，所进行的区域全面协调发展和区域空间合理配置的区域规划。

3. 县（市、区）域规划

它是以城乡一体化为导向，在规划目标和策略上以促进区域城乡统筹发展和区域空间整体利用为重点，统筹安排城乡空间功能和空间利用的规划。

二、区域规划的类型

依据不同的分类方法，可以把区域规划划分为各种不同的类型。

（一）按规划区域属性分类

按规划区域属性分类，通常把区域分成如下几类。

1. 自然区

自然区是指自然特征基本相似或内部有紧密联系、能作为一个独立系统的地域单元。它一般是通过自然区划，按照地表自然特征区内的相似性与区际差异性而划分出来的。每个自然区内部，自然特征较为相似，而不同的自然区之间，则差异性比较显著。如流域规划、沿海地带规划、山区规划、草原规划等。

2. 经济区

经济区是指经济活动的地域单元。它可以是经过经济区划划分出来的地域单元，也可以是根据社会经济发展和管理的需要而划分出来的连片地区。如珠三角经济区规划、长三角经济区规划、经济技术开发区规划等。

3. 行政区

行政区是为了对国家政权职能实行分级管理而划分出来的地域单元。如市域规划、县域规划、镇域规划等。

4. 社会区

社会区是以民族、风俗、文化、习惯等社会因素的差别，按人文指标划分的地域单元。如革命老区发展规划等。

（二）按照区域规划内容不同

按照区域规划内容不同，可以分为发展规划和空间规划。

1. 发展规划

以区域国民经济和社会发展为核心，重点考虑发展的框架、方向、速度和途径，不关心空间定位，对发展目标和措施的空间落实只做粗浅的考虑。

2. 空间规划

强调地域空间的发展和人口的城市化，空间布局问题，以城镇体系规划为代表，市县域的城镇体系规划更多地与城市规划相衔接，属于典型的区域空间规划。

三、区域规划内容

区域规划是描绘区域发展的远景蓝图，是经济建设的总体部署，涉及面十分广泛，内容庞杂，但规划工作不可能将有关区域发展和经济建设的问题全部包揽起来。区域规划的内容归纳起来，可概括为如下几个主要方面。

（一）发展战略

区域经济发展战略包括战略依据、战略目标、战略方针、战略重点、战略措施等内容。区域发展战略既有经济发展战略，也有空间开发战略。

制定区域经济总体发展战略通常把区域发展的指导思想、远景目标和分阶段目标、产业结构、主导产业、人口控制指标、三大产业大体的就业结构、实施战略的措施或对策作为研究的重点。

规划工作中有如下三个重点。

1. 确定区域开发方式

如采用核心开发方式、梯度开发方式、点—轴开发模式、圈层开发方式等。开发方式要符合各区的地理特点，从实际出发。

2. 确定重点开发区

重点开发区有多种类型，有的呈点状（如一个小工业区），有的呈轴状（如沿交通干线两侧狭长形开发区）或带状（如沿河岸分布或山谷地带中的开发区），有的呈片状（如几个城镇连成一块的开发区）等。有的开发区以行政区域为单位，有的开发区则跨行政区分布。重点开发区的选择与开发方式密切相关，互相衔接。

3.制定区域开发政策和措施

着重研究实现战略目标的途径、步骤、对策、措施。

（二）布局规划

区域产业发展是区域经济发展的主要内容，区域产业布局规划的重点往往放在工农业产业布局规划上。

合理配置资源，优化地域经济空间结构，科学布局生产力，是区域规划的核心内容。区域规划要对规划区域的产业结构、工农业生产的特点、地区分布状况进行系统的调查研究。要根据市场的需求，对照当地生产发展的条件，揭示产业发展的矛盾和问题，确定重点发展的产业部门和行业，以及重点发展区域。规划中要大体确定主导产业部门的远景发展目标，根据产业链的关系和地域分工状况，明确与主导产业直接相关部门发展的可能性。与工农业生产发展紧密相关的土地利用、交通运输和大型水利设施建设项目，也常常在工农业生产布局规划中一并研究，统筹安排。

（三）体系规划

城镇体系和乡村居民点体系是社会生产力和人口在地域空间组合的具体反映。城镇体系规划是区域生产力综合布局的进一步深化和协调各项专业规划的重要环节。由于农村居民点比较分散，点多面广，因此，区域规划多数只编制城镇体系规划。

研究城镇体系演变过程、现状特征，预测城镇化发展水平。城镇体系规划的基本内容包括如下七点内容。

1.拟定区域城镇化目标和政策。

2.确定规划区的城镇发展战略和总体布局。

3.确定各主要城镇的性质和方向，明确城镇之间的合理分工与经济联系。

4.确定城镇体系规模结构，各阶段主要城镇的人口发展规模、用地规模。

5.确定城镇体系的空间结构，各级中心城镇的分布，新城镇出现的可能性及其分布。

6.提出重点发展的城镇地区或重点发展的城镇，以及重点城镇近期建设规划建议。

7.必要的基础设施和生活服务设施建设规划建议。

（四）基础设施

基础设施是社会经济发展现代化水平的重要标志，具有先导性、基础性、公用性等特点。基础设施对生产力和城镇的发展与空间布局有重要影响，应与社会经济发展同步或者超前发展。

基础设施大体上可以分为生产性基础设施和社会性基础设施两大类。生产性基础设施是为生产力系统的运行直接提供条件的设施，包括交通运输、邮电通信、供水、排水、供电、供热、供气、仓储设施等。社会性基础设施是为生产力系统运行间接提供条件的设施，又称为社会服务事业或福利事业设施，包括教育、文化、体育、医疗、商业、金融、贸易、旅游、园林、绿化等设施。

区域规划要在对各种基础设施发展过程及现状分析的基础上，根据人口和社会经济发展的要求，预测未来对各种基础设施的需求量，确定各种设施的数量、等级、规模、建设工程项目及空间分布。

（五）土地利用

准确地确定土地利用方向，组织合理的土地利用结构，对各类用地在空间上实行优化组合并在时间上实行优化组合的科学安排，是实现区域战略目标，提高土地生产力的重要保证。

土地利用规划应在土地资源调查、土地质量评价基础上，以达到区域最佳预期目标的目的，对土地利用现状加以评价，并确定土地利用结构及其空间布局。

土地利用规划可突出三种要素，分别为枢纽、联线和片区。枢纽起定位作用；联线既是联结（如枢纽之点的联结），又是地域划分（如片区的划分）的构成要素；片区则是各类型功能区的用地区划（如经济开发区、城镇密集区、生态敏感区、开敞区、环境保护区等）。

区域规划中土地利用规划的内容，主要包括如下内容。

1. 土地资源调查和土地利用现状分析。

2. 土地质量评价。

3. 土地利用需求量预测。

4. 未来各类用地布局和农业用地、园林用地、林业用地、牧业用地、城乡建设用地、特殊用地等各类型用地分区规划。

5. 土地资源整治、保护规划。

（六）发展政策

区域政策可以看作是为实现区域战略目标而设计的一系列政策手段的总和。政策手段大致可以分为两类：一类是影响企业布局区位的政策，属于微观政策范畴，如补贴政策、区位控制和产业支持政策等；另一类是影响区域人民收入与地区投资的政策，属于宏观政策范畴，可用以调整区域问题。

区域规划的区域发展政策研究，侧重于微观政策研究，并且要注意区域政策与国家其他政策相互协调一致，避免彼此间的矛盾。

第四节　城镇体系与总体规划

一、城镇体系规划

（一）城镇体系的概念和城镇体系规划的类型

1. 城镇体系的概念

任何城市都不是孤立存在的。为了维持城市的正常活动，城市与城市之间、城市与外部区域之间总是在不断地进行着物质、能量、人员、信息的交换与相互作用。正是这种相互作用，才能把彼此分离的城市结合为具有结构和功能的有机整体，即城镇体系。城镇体系是指在一个相对完整的区域或国家中，有不同职能分工、不同等级规模、空间分布有序的联系密切、相互依存的城镇群体，简而言之，是一定空间区域内具有内在联系的城镇聚合。

城镇体系是区域内的城市发展到一定阶段的产物。一般需要具备以下条件。

（1）城镇群内部各城镇在地域上是邻近的，具有便捷的空间联系。

（2）城镇群内部各城镇均具有自己的功能和形态特征。

（3）城镇群内部各城镇从大到小、从主到次、从中心城市到一般集镇，共同构成整个系统内的等级序列，而系统本身又是属于一个更大的系统的组成部分。

2. 城镇体系规划的类型

城镇体系规划是指一定地域范围内，以区域生产力合理布局和城镇职能分工为依据，确定不同人口规模等级和职能分工的城镇分布和发展规划。其规划的主要目标是解决体系内各要素之间的相互关系。因此，主要有以下几种类型：按照行政等级和管辖范围分类，可以分为全国城镇体系规划、省域城镇体系规划、市域城镇体系规划等。其中，全国城镇体系规划和省域城镇体系规划是独立的规划，市域、县域城镇体系规划可以与相应的地域中心城市的总体规划一并编制，也可以独立编制。随着城镇体系规划实践的发展，在一些地区出现了衍生型的城镇体系规划类型，如都市圈规划、城镇群规划等。

（二）城镇体系规划的理论与方法

1.城镇体系规划的基本观

城镇体系位于特定的地域环境中，其规划布局应具有明确的时间和体系发展的阶段性，规划处于不同发展阶段的城镇体系，其指导思想也有不同。目前，主要包括以下几种观点：地理观—中心地理论；经济观—增长极理论；空间观—核心边缘理论；区域观—生产综合体；环境观—可持续理论；生态观—生态城市理论；几何观—对称分布理论；发展观—协调发展理论。

2.全球化背景下的城镇体系规划理论和方法

在当代经济条件下，信息技术和跨国公司的发展促进了经济活动的全球扩散和全球一体化，一方面使主要城市的功能进一步加强，形成一种新的城市类型——全球城市；另一方面，促进网络城市和边境城市体系的发育。这使得城市发展可以不再局限于某一区域内，而是直接融入全球经济体系中。这就需要用全球视野认识城市化过程和城市体系结构。有关全球视野研究城市体系的理论有沃勒斯汀（L.Wallerstein）的世界体系理论、新城市等级体系法则、新相互作用理论、创新与孵化器理论、高技术产业和高技术区理论。

全球化背景下的城镇体系规划方法有城镇等级体系划分方法，即依据城市特性的特性方法和直接将城市与世界体系连接在一起的联系方法；网络分析法，通过分析多种城市之间的交换和联系，揭示城市间乃至整个网络结构的复杂形式；结构测度法，利用网络分析进行城市体系的结构测度。

（三）城镇体系规划的主要内容

1.全国城镇体系规划编制的内容

全国城镇体系规划是统筹安排全国城镇发展和城镇空间布局的宏观性、战略性的法定规划，是国家制定城镇化政策、引导城镇化健康发展的重要依据，也是编制、审批省域城镇体系规划和城市总体规划的依据。其主要内容包括以下五点内容。

（1）明确国家城镇化的总体战略与分期目标

按照循序渐进、节约土地、集约发展、合理布局的原则，积极稳妥地推进城镇化。根据不同的发展时期，制定相应的城镇化发展目标和空间发展重点。

（2）确定国家城镇化道路与差别化战略

从提高国家竞争力的角度分析城镇发展需要，从多种资源环境要素的适宜承载程度分析城镇发展的可能，提出不同区域差异化的城镇化战略。

（3）规划全国城镇体系总体空间布局

构筑全国城镇空间发展的总体格局，考虑资源环境条件、产业发展、人口迁移等因素，分省或大区域提出差异化的空间发展指引和控制要求，对全国不同等级的城镇与乡村空间提出导引。

（4）构筑全国重大基础设施支撑系统

根据城镇化的总目标，对交通、能源、环境等支撑城镇发展的基础条件进行规划，尤其要关注对生态系统的保护方面的问题。

（5）特定与重点地区的发展指引

对全国确定的重点城镇群、跨省界城镇发展协调区、重要流域、湖泊和海岸带等，根据需要可以组织上述区域的城镇协调发展规划，发挥全国城镇体系规划指导省域城镇体系规划、城市总体规划的法定作用。

2.省域城镇体系规划编制的主要内容

省域城镇体系规划是各省、自治区经济发展目标和发展战略的重要组成部分，也是省、自治区人民政府实现经济社会发展目标，引导区域城镇化与城市合理发展、协调区域各城市间的发展矛盾、合理配置区域空间资源、防止重复建设的手段和行动依据，对省域内各城市总体规划的编制具有重要的指导作用。同时也是落实国家发展战略，中央政府用以调控各省区城镇化、合理配置空间资源的重要手段和依据。其主要编制内容有如下六点。

（1）制定全省（自治区）城镇化和城镇发展战略

包括确定城镇化方针和目标，确定城市发展与布局战略。

（2）确定区域城镇发展用地规模的控制目标

结合区域开发管制区划，确定不同地区、不同类型城镇用地控制的指标和相应的引导措施。

（3）协调和部署影响省域城镇化与城市发展的全局性和整体性事项

包括确定不同地区、不同类型城市发展的原则性要求，统筹区域性基础设施和社会设施的空间布局和开发时序；确定需要重点调控的地区。

（4）确定乡村地区非农产业布局和居民点建设的原则

包括确定农村剩余劳动力转化的途径和引导措施，提出农村居民点和乡镇企业建设与发展的空间布局原则，明确各级、各类城镇与周围乡村地区基础设施统筹规划和协调建设的基本要求。

（5）确定区域开发管制区划

从引导和控制区域开发建设活动的目的出发，依据城镇发展战略，综合考虑空间资源保护、生态环境保护和可持续发展的要求，确定规划中应优先发展和鼓励发展的地区、需要严格保护和控制开发的地区以及有条件许可开发的地区，分别提出开发的标准和控制措施，作为政府开发管理的依据。

（6）按照规划提出城镇化与城镇发展战略和整体部署

充分利用产业政策、税收和金融政策、土地开发政策等政策手段，制定相应的调控政策和措施，引导人口有序流动，促进经济活动和建设活动健康、合理、有序地发展。

3.市域城镇体系规划的主要内容

为了贯彻城乡统筹的规划要求，协调市域范围内的城镇布局和发展，在制订城市总体规划时，应制订市域城镇体系规划。其主要规划内容有以下七点。

（1）提出市域城乡统筹的发展战略

其中对于人口、经济、建设高度聚集的城镇密集地区的中心城市，应当根据需要，提出与相邻行政区域在空间发展布局、重大基础设施和公共服务设施建设、生态环境保护、城乡统筹发展等方面进行协调的建议。

（2）确定生态环境、土地和水资源、能源、自然和历史文化遗产等方面的保护与利用的综合目标和要求，提出空间管制原则和措施。

（3）预测市域总人口及城镇化水平，确定各城镇人口规模、职能分工、空间布局和建设标准。

（4）提出重点城镇的发展定位、用地规模和建设用地控制范围。

（5）确定市域交通发展策略，原则确定市域交通、通信、能源、供水、排水、防洪、垃圾处理等重大基础设施、重要的社会服务设施、危险品生产储存设施的布局。

（6）根据城市建设、发展和资源管理的需要划定城市规划区。城市规划区的范围应当位于城市的行政管辖范围内。

（7）提出实施规划的措施和有关建议。

二、城镇总体规划

（一）城镇总体规划概论

城镇总体规划在城镇化发展战略中具有重要作用，是建设和谐社会、城乡统筹的重要环节，是一定期限内依据国民经济和社会发展规划以及当地的自然环境、资源条件、历史情况、现状特点，统筹兼顾、综合部署，为确定城市的规模和发展方向，实现城市的经济和社会发展目标，合理利用城市土地，协调城市空间布局等所做的综合部署和具体安排。城市总体规划是城市规划编制工作的第一阶段，也是城市建设和管理的依据。

根据国家对城市发展和建设方针、经济技术政策、国民经济和社会发展的长远规划，在区域规划和合理组织区域城镇体系的基础上，按城市自身建设条件和现状特点，合理制定城市经济和社会发展目标，确定城市的发展性质、规模和建设标准，安排城市用地的功能分区和各项建设的总体布局，布置城市道路和交通运输系统，选定规划定额指标，制定规划实施步骤和措施。总体规划期限一般为20年。近期建设规划一般为5年。建设规划是总体规划的组成部分，是实施总体规划的阶段性规划。

近年来，随着全球化经济发展和城乡统筹发展的需求，城镇总体规划呈现出一些新趋势，区域协同和城乡统筹规划强化，重视区域城乡协同的发展；重视可持续发展理念的贯彻实施，以及非建设用地保护的强化；重视水设施的多元化与人性化建设并存；重视防灾与安全保障的强化、区域防灾应急体系的完善；法律法规和技术性标准的完善。新的总体规划编制内容增强了规划的严谨性；在规划技术层面上，大数据、地理信息系统等分析技术的运用，增强了规划的科学性。

（二）城镇总体规划编制程序和内容

目前，我国的城镇总体规划主要以中心城区的规划为重点，在内容上侧重于城市性质和规模的确定、用地功能的组织、总体结构布局、公共基础设施安排和道路交通的组织等方面，完成对国民经济和社会发展规划在空间上的落实。

城镇总体规划可分为市、县政府所在地，以及一般镇两个层面。

I. 设市、县政府所在地城市总体规划的主要内容

城市总体规划包括市域城镇体系规划和中心城区规划。编制城市总体规划时，首先，要总结上一轮总体规划的实施情况和存在问题，并系统地收集区域和城市自然、经济、社会及空间利用等各方面的历史和现状资料；其次，组织编制总体规划纲要，研究确定总体规划中的重大问题，作为编制规划成果的依据；再次根据纲要的成果，编制市域城镇体系规划、城市总体规划或城市分期规划。

（1）编制总体规划纲要的内容

①市域城镇体系规划纲要，内容包括：提出市域城乡统筹发展战略；确定生态环境、土地和水资源、能源、自然和历史文化遗产保护等方面的综合目标和保护要求，提出空间管制原则；预测市域总人口及城镇化水平，确定各城镇人口规模、职能分工、空间布局方案和建设标准；原则确定市域交通发展策略。

②提出城市规划区的范围；分析城市职能，提出城市性质和发展目标；提出禁建区、限建区、适建区的范围。

③预测城市人口规模；研究中心城区空间增长边界，提出建设用地规模和建设用地范围。

④提出交通发展战略及主要对外交通设施布局原则；提出重大基础设施和公共服务设施的发展目标；提出建立综合防灾体系的原则和建设方针。

（2）中心城区总体规划的内容

①分析确定城市性质、职能和发展目标；预测城市人口规模。

②划定禁建区、限建区、适建区和已建区，并制定空间管制措施；确定村镇发展与控制的原则和措施；确定需要发展、限制发展和不再保留的村庄，提出村镇建设控制标准；安排建设用地、农业用地、生态用地和其他用地；研究中心城区空间增长边界，确定建设用地规模，划定建设用地范围。

③确定建设用地的空间布局，提出土地使用强度管制区划和相应的控制指标（建筑密度、建筑高度、容积率、人口容量等）。

④确定市级和区级中心的位置和规模，提出主要的公共服务设施的布局。

⑤确定交通发展战略和城市公共交通的总体布局，落实公交优先政策，确定主要对外交通设施和主要道路交通设施布局。

⑥确定绿地系统的发展目标及总体布局，划定各种功能绿地的保护范围（绿线），划定河湖水面的保护范围（蓝线），确定岸线使用原则。

⑦确定历史文化保护及地方传统特色保护的内容和要求，划定历史文化街区、历史建筑保护范围（紫线），确定各级文物保护单位的范围；研究确定特色风貌保护重点区域及保护措施。

⑧研究住房需求，确定住房政策、建设标准和居住用地布局；重点确定经济适用房、普通商品住房等满足中低收入人群住房需求的居住用地布局及标准。

⑨确定电信、供水、排水、供电、燃气、供热、环卫发展目标及重大设施总体布局；确定生态环境保护与建设目标，提出污染控制与治理措施；确定综合防灾与公共安全保障体系，提出防洪、消防、人防、抗震、地质灾害防护等规划原则和建设方针。

⑩划定旧区范围，确定旧区有机更新的原则和方法，提出改善旧区生产、生活环境的标准和要求。

⑪提出地下空间开发利用的原则和建设方针。

⑫确定空间发展时序，提出规划实施步骤、措施和政策建议。

以上内容中，强制性内容如下：城市规划区范围；市域内应当控制开发的地域，包括基本农田保护区，风景名胜区，湿地、水源保护区等生态敏感区，地下矿产资源分布地区；城市建设用地，包括规划期限内城市建设用地的发展规模，土地使用强度管制区划和相应的控制指标（建设用地面积、容积率、人口容量等），城市各类绿地的具体布局，城市地下空间开发布局；城市基础设施和公共服务设施，包括城市干道系统网络、城市轨道交通网络、交通枢纽布局，城市水源地及其保护区范围和其他重大市政基础设施，文化、教育、卫生、体育等方面主要公共服务设施的布局；城市历史文化遗产保护，包括历史文化保护的具体控制指标和规定，历史文化街区、历史建筑、重要地下文物埋藏区的具体位置和界线；生态环境保护与建设目标，污染控制与治理措施；城市防灾工程，包括城市防洪标准、防洪堤走向、城市抗震与消防疏散通道、城市人防设施布局和地质灾害防护规定。

城市总体规划是一项综合性很强的科学工作。既要立足于现实，又要有预见性。随着社会经济和科学技术的发展，城市总体规划也须进行不断修改和补充，因此也是一项长期性和经常性的工作。

2.一般镇总体规划

一般镇总体规划主要内容如下。

①确定镇域范围内的村镇体系、交通系统、基础设施、生态环境、风景旅游资源开发等的合理布置和安排。

②确定城镇性质、发展目标和远景设想。

③确定规划期内城镇人口及用地规模，选择用地发展方向，划定用地规划范围。

④确定小城镇各项建设用地的功能布局和结构。

⑤确定小城镇对外交通系统的结构和主要设施布局；布置安排小城镇的道路交通系统，确定道路等级、广场、停车场和主要道路交叉口形式、控制坐标和标高。

⑥综合协调各项基础设施的发展目标和总体布局，包括供水、排水、电力、电信、燃气、供热、防灾、环卫等。

⑦确定协调各专项规划，如水系、绿化、环境保护、旧城改造、历史文化和自然风景保护等。

⑧进行综合技术论证，提出规划实施步骤、措施和政策建议。

⑨编制近期建设规划，确定近期建设目标、内容和实施部署。

（三）城镇空间形态的一般类型

城市形态是城市空间结构的整体形式，是在城乡总体规划阶段需要着重分析和研究的，是城市空间布局的重要载体。一个城市所具有的某种特定形态与城市性质、规模、历史基础、产业特点及自然地理环境相关联。不同的空间形态有不同特点，一个城市未来可以形成怎样的空间形态需要根据目前城市现状必须解决的矛盾、未来发展定位和发展方向以及自然地理环境等方面进行综合考虑确定。从城市空间形态发展的历程来看，大体上可以归纳为集中和分散两大类。

1. 集中式城市形态

集中式的城市形态是指城市各项用地集中连片发展。这种模式的主要优点是便于集中设置较为完善的生活服务设施，城市各项用地紧凑，有利于社会经济活动联系的效率和方便居民生活，较适合中小城市，但规划时必须注意近期和远期的关系，避免城市在发展过程中发生用地混杂和干扰的现象。

集中式的城市空间还可以进一步划分为网格状、环形放射状、星状、带状和环状等。各种空间形态有各自的优缺点，具体见表2-1。

表2-1 各类集中式空间形态优劣比较一览表

名称	优点	缺点
网格状城市	城市整体形态完整，易于各类建筑的布置	容易使城市空间单调
环形放射状城市	由环形和放射形道路组成，交通的可达性好，有很强的向心紧凑发展的趋势	易造成中心区的过度集聚和拥挤
带状城市	大多受地形影响，沿交通轴向两侧发展，城市组织有交通便捷的优势	过长会导致交通物耗过大

注：星状是环形放射式城市沿交通走廊发展的结果，环形是带状城市的特定情况，不做单独分析。

2. 分散式城市形态

分散式城市形态主要是组团状城市，即一个城市分为若干个不连续的用地，每一块之间被农田、山地、河流、绿化带等隔离。这种发展形态根据城市用地条件灵活布置，容易接近自然，比较好地处理城市近期和远期的关系，并能使各项用地布局各得其所。不足之处在于城市道路和各项工程管线的投资管理费用较大。此类布局的重点在于处理好集中与分散的度，既要有合理的分工，又要各个组团形成一定规模。对于一些大城市、特大城市，发展在大城市及其周围卫星城镇组成的布局方式，外围小城镇具有相对的独立性，但与中心城市有密切的关系。实践证明，为控制大城市的规模、疏散中心城市的部分人口和产业，培育远郊区的卫星城具有一定的效果，但仍要处理好发展规模、配套设施等问题。

一个城市在不同的发展阶段其用地的扩展和空间结构是发展变化的。一般规律是，早期集中连片发展，当遇到扩张障碍时，往往分散成组团式发展。当各个组团彼此吸引力加强，又区域集中发展。而当规模过大需要控制时，不得不发展远郊新城，如北京城市发展过程即是如此。同时也存在不同城镇之间联系增强，形成城市群的情况，如长江三角洲城市群的发展。

第五节　城市用地规划

一、城市总体布局

城市总体布局是研究城市各项用地之间的内在联系，并通过城市主要用地组成的不同形态表现出来。城市总体布局是城市总体规划的重要内容，它是在城市发展纲要基本明确的条件下，在城市用地评定的基础上，对城市各组成部分进行统筹兼顾、合理安排，使其各得其所、有机联系。

（一）城市总体布局的基本原则

1. 城乡结合，统筹安排

总体布局立足于城市全局，从国家、区域和城市自身根本利益和长远发展出发，考虑城市与周围地区的联系，统筹安排，同时与区域的土地利用、交通网络、山水生态相互协调。

2. 功能协调，结构清晰

城市用地结构清晰是城市用地功能组织合理性的一个标志，它要求城市各主要功能用地功能明确，各用地之间相互协调，同时有安全便捷的联系、保证城市功能整体协调、安全和运转高效。

3. 依托旧区，紧凑发展

依托旧区和现有对外交通干线，就近开辟新区，循序滚动发展。新区开发布局应集中紧凑，节约用地和城市基础设施投资，以利于城市运营，方便城市管理，减轻交通压力。

4.分期建设，留有余地

城市总体布局是城市发展与建设的战略部署，必须有长远观点和具有科学预见性，力求科学合理、方向明确、留有余地。对于城市远期规划，要坚持从现实出发，城市近期建设应以城市远期发展为指导，重点安排好近期建设和发展用地，形成城市建设的良性循环。

（二）自然条件对城市总体布局的影响

1.地貌类型

地貌类型一般包括山地、高原、丘陵、盆地、平原、河流谷地等，它对城市的影响体现在选址和空间形态等方面（图 2-1）。

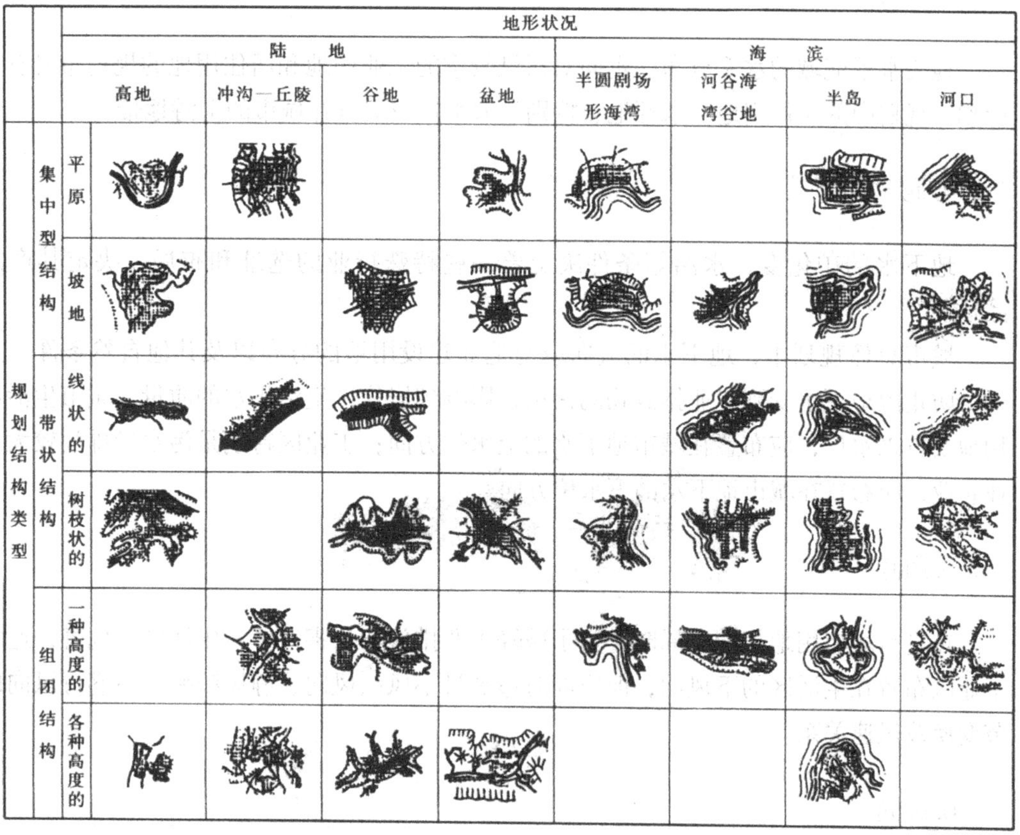

		地形状况							
		陆　　地				海　　滨			
		高地	冲沟—丘陵	谷地	盆地	半圆剧场形海湾	河谷海湾谷地	半岛	河口
规划结构类型	集中型结构 平原								
	坡地								
	带状结构 线状的								
	树枝状的								
	组团结构 一种高度的								
	各种高度的								

图 2-1　地形与城市结构的关系

平原地区地势平坦，城市可以自由扩展，因而其城市布局多采用集中式，如北京、济南、太原、石家庄等城市。

河谷地带和海岸线上的城市，由于海洋、山地和丘陵的限制，城市布局多呈狭长带状分布，如兰州、大连、深圳等城市。

江南水网密布，用地分散，城市多呈分散式布局，如苏州、绍兴、杭州等。

2. 地表形态

地表形态包括地面起伏度、地表坡度、地面切割度等。其中，地面起伏度为城市提供了各具特色的景观要素，地面坡度对城市建设影响最为普遍和直接，而地面切割度则有助于城市特色的创造。

地表形态对城市布局的影响主要体现在：首先，山体丘陵城市的市中心都选在山体的四周进行建设，既可以拥有优美的地表绿化景观，同时又可以俯瞰、眺望城市全貌，如围绕南山建设的南山首尔城市中心；其次，居住区一般布置在用地充裕、地表水源丰富的谷地中；再次，工业特别是有污染的工业布置在地形较高的下风向，利于污染空气的扩散。

3. 地表水

地表水系流域的水系分布、走向对污染较重的工业用地和居住用地的规划布局有直接影响，规划中的居住用地、水源地、特别是取水口应安排在城市的上游地带。

4. 地下水

地下水的矿化度、水温等条件决定着一些特殊行业的选址和布局，决定其产品的品质。

城市总体规划中，地下水的流向应与地面建设用地的分布以及其他自然条件一并考虑。防止因地下水受到工业排放物的污染，影响到居住区生活用水的质量。城市生活居住用地及自来水厂，应布置在城市地下水的上水位方向；工业区特别是污水量排放较大的工业企业，应布置在城市地下水的下水位方向。

5. 风向

在进行城市用地规划布局时，为了减轻工业排放的有害气体对生活区的危害，通常把工业区布置在生活区的下风向，但应同时考虑最小风频风向、静风频率、各盛行风向的季节变换及风速关系。

6. 风速

风速对城市工业布局影响很大。在城市总体布局中，除了考虑城市盛行风向的影响外，还应特别注意当地静风频率的高低，尤其在一些位于盆地或峡谷的城市，静风频率往往很高。如果只按频率不高的盛行风向作为用地布局的依据，而忽视静风的影响，那在静风日，烟尘滞留在城市上空无法吹散，只能沿水平方向慢慢扩散，仍然影响邻近上风侧的生活居住区，难以解决城市大气污染问题。

（三）城市用地布局主要模式

城市用地布局模式是对不同城市形态的概括表述，城市形态与城市的性质规模、地理环境、发展进程、产业特点等相互关联。大体分为以下类型。

l. 集中式的城市用地布局

特点是城市各项用地集中连片发展，就其道路网形式而言，可分为网络状、环状、环形放射状、混合状以及沿江、沿海或沿主要交通干道带状发展等模式。

2. 集中与分散相结合的城市用地布局

一般有集中连片发展的主城区、主城外围形成若干具有不同功能的组团，主城与外围组团间布置绿化隔离带。

3. 分散式城市用地布局

城市分为若干相对独立的组团，组团间被山丘、河流、农田或森林分隔，一般是都有便捷的交通联系。

（四）城市总体布局基本内容

城市总体布局主要目的是为居民创造良好的工作环境、居住环境和休憩环境，核心问题是处理好居住与工业的合理关系。

1. 按组群方式布置工业企业，形成工业区。合理安排工业区与其他功能区的位置，处理好工业与居住、交通运输等各项用地之间的关系，是城市总体规划的首要任务。

2. 按居住区、居住小区等组成梯级布置，形成城市居住区。城市居住区的规划布置应能最大程度地满足城市居民多方面和不同程度的生活需要。一般情况下，城市居住用地由若干个居住区组成，根据城市居住区布局情况配置相应公共服务设施内容和规模，满足合理的服务半径，形成不同级别的城市公共活动中心，这种梯级组织更能满足城市居民的实际需求。

3. 配合城市各功能要素，组织城市绿地系统，建立各级休憩与游乐场所。将绿地系统尽可能均衡地分布在城市各功能组成要素之中，尽可能地与郊区绿地相连接，与江河湖海水系相联系，形成较为完整的绿地系统。

4. 按居民工作、居住、游憩等活动的特点，形成城市的公共活动中心体系。城市公共活动中心通常是指城市主要公共建筑物分布最为密集的地段，城市居民进行政治、经济、社会、文化等公共活动的中心。

5. 按交通性质和交通速度，划分城市道路的类别，形成城市道路交通体系。在城市总体布局中，城市道路与交通体系的规划占有特别重要的地位。按各种道路交通性质和交通速度的不同，对城市道路按其从属关系分为若干类别。交通性道路比如联系工业区、仓库区与对外交通设施的道路，以货运为主，要求高速；而城市生活性道路则是联系居住区与公共活动中心、休憩游乐场所的道路，以及他们各自内部的道路。

（五）城市总体布局的艺术性

城市空间布局应当在满足城市总体布局的前提下，利用自然和人文条件，对城市进行整体设计，创造优美的城市环境和形象。

l. 城市用地布局艺术

指用地布局上的艺术构思及其在空间上的体现，把山川河流、名胜古迹、园林绿地、有保留价值的建筑等有机地组织起来，形成城市景观的整体框架。

2. 城市空间布局体现城市审美要求

城市之美是自然美与人工美的结合，不同规模的城市要有适当的比例尺度。城市美在一定程度上反映在城市尺度的均衡、功能与形式的统一。

3. 城市空间景观的组织

城市中心和干路的空间布局都是形成城市景观的重点，是反映城市面貌和个性的重要因素。城市总体布局应通过对节点、路径、界面、标志的有效组织，创造出具有特色的城市中心和城市干路的艺术风貌。

4. 城市轴线是组织城市空间的重要手段

通过轴线，可以把城市空间组成一个有秩序、有规律的整体，以突出城市的序列和秩序感。

5. 继承历史传统，突出地方特色

在城市总体布局中，要充分考虑每个城市的历史传统和地方特色，保护好有历史文化价值的建筑、建筑群、历史街区，使其融入城市空间环境中，创造独特的城市环境和形象。

二、主要城市建设用地规模与相互关系确定

（一）主要城市建设用地规模的确定

城市用地布局就是各种不同的城市活动的具体要求，为其提供规模适当、位置合理的土地。为此，首先应估算出城市中各类用地的规模以及各自之间的相对比例，按照各自对区位的需求，综合协调并形成总体布局方案。

城市用地规模的确定可以采用两种方法：一是按照人均用地标准计算总用地规模后，在主要用地种类之间按照一定比例进一步划分的方法；二是通过调查获得的标准土地利用强度乘以各种城市活动的预测量分项计算，然后累加的方法。

影响不同类型城市用地规模的因素是不同的，即不同用途的城市用地在不同城市中变化的规律和变化的幅度是不同的。例如，影响居住用地规模的因素相对单纯并且易于把握。在国家大的土地政策、经济水平以及居住模式一定的前提下，采用通过统计得出的数据，结合人口规模的预测，很容易计算出城市在未来某一时点所需居住用地的总体规模。

相对居住用地而言，工业用地规模的计算可能要复杂些，一般从两个角度出发进行预测。一个是按照各主要工业门类的产值预测和该门类工业单位产值所需用地规模来推算；另一个是按照各工业门类的职工数与该门类工业人均用地面积来计算。其中，城市主导产业的变化、劳动生产率的提高、工业工艺的改变等因素均会对工业用地的规模产生较大的影响。

商业商务用地规模的准确预测最为困难。这不仅因为该类用地对市场的需求更为敏感，变化周期较短，而且其总规模与城市性质、服务对象的范围、当地的消费习惯等因素有关，难以以城市人口规模作为预测的依据。同时，商业服务功能还大量存在于商业—居住、商业—工业等复合型土地利用形态中。规划中通常采用将商务、批发商业、零售业、娱乐服务业用地等分别计算的方法。

城市中的道路、公园、基础设施等公共设施的用地可以按照城市总用地规模的一定比例计算出来。例如，在目前中国的城市中，道路广场用地与公园绿地的面积分别占城市总用地的 8% ~ 15%。

此外，城市中还有些目的较为特殊但占地规模较大的用地，其规模只能按实际需要逐项计算。例如，对外交通用地，尤其是机场、港口用地，教育科研用地，用于军事、外事等目的特殊用地等。

城市用地规模是一个随时间变化的动态指标。通过预测所获得的用地规模只是对未来某个时间点所做出的大致估计。在城市实际发展过程中，不但各种用地之间的比例随时间变化，而且达到预测规模的时间点也会提前或延迟。

（二）主要城市建设用地位置及相互关系确定

在各种主要城市用地的规模大致确定后，需要将其落实到具体的空间中去。城市规划需要按照各城市用地的分布规律，并结合规划所执行的政策与方针，明确提出城市用地布局的方案，同时进一步寻求相应的实施措施。通常影响各种城市用地的位置及其相互关系的主要因素可以归纳为以下几种，见表2-2。

表2-2　主要城市用地类型的空间分布特征表

用地种类	功能要求	地租承受能力	与其他用地关系	在城市中的区位
居住用地	较便捷的交通条件、较完备的生活服务设施、良好的居住环境	中等、较低（不同类型居住用地对地租的承受能力相差很大）	与工业用地、商务用地等就业中心保持密切联系，且不受其干扰	从城市中心至郊区，分布范围较广
商务、商业用地（零售业）	便捷的交通、良好的城市基础设施	较高	一般需要一定规模的居住用地作为其服务范围	城市中心、副中心或社区中心
工业用地（制造业）	良好、廉价的交通运输条件、大面积平坦的土地	中等—较低	需要与居住用地之间保持便捷的交通联系，对城市其他用地有一定的负面影响	下风向、河流下游的城市外围或郊区

1. 各种用地所承载的功能对用地的要求。例如，居住用地要求具有良好的环境，商业用地要求交通设施完备等。

2. 各种用地的经济承受能力。在市场环境下，各种用地所处的位置及其相互之间的关系主要受经济因素的影响。对地租承受能力强的用地种类，例如，商业用地在区位竞争中通常处于有利地位。当商业用地规模需要扩大时，往往会侵入其临近的其他种类的用地，并取而代之。

3. 各种用地之间的相互关系。由于各种城市用地所承载的功能之间存在相互吸引、排斥、关联等不同的关系，城市用地之间也会相应地反映出这种关系。例如，大片集中的居住用地会吸引为居民日常生活服务的商业用地，而排斥有污染的工业用地或其他对环境有影响的用地。

4. 规划因素。虽然城市规划需要研究和掌握在市场作用下各类城市用地的分布规律，但这并不意味着对不同性质用地之间自由竞争的放任。城市规划所体现的基本精神恰恰是政府对市场经济的有限干预，以保证城市整体的公平、健康和有序。

三、居住用地布局

居住用地是承担居住功能和生活活动的场所，随着城市功能的拓展，其概念已经上升到人居环境的层面。因此，选择适宜、恰当的用地，并处理好与其他类别用地的关系，同时确定居住功能的组织结构，配置相应的公共服务设施系统，创造良好的居住环境，是城市规划的目标之一。

（一）居住用地的组成

在居住用地中，除了直接建设各类住宅的用地，还有为住宅服务的各种配套设施用地。例如，居住区内的道路，为社区服务的公园、幼儿园以及商业服务设施用地等。因此，城市总体规划中的居住用地按国标《城市用地分类与规划建设用地标准》（GB 50137-2011）规定，是指住宅和相应服务设施用地。

（二）居住用地指标

居住用地指标主要由两方面来表达：一是居住用地占整个城市用地的比重；二是居住用地的分级以及各项内容的用地分配与标准。

l. 影响因素

（1）城市规模

在居住用地占城市总用地的比重方面，一般是大城市因工业、交通、公共设施等用地较之小城市的比重要高，相对地居住用地比重会低些。同时也由于大城市可能建造较多高层住宅，人均居住用地指标会比小城市低些。

（2）城市性质

一般老城市建筑层数较低，居住用地所占城市用地的比重会高些；而新兴城市，因产业占地较大，居住用地比重就比较低。

（3）自然条件

如在丘陵或水网地区，会因土地可利用率低，需要增加居住用地的数量，加大该项用地的比重。此外，在不同纬度的地区，为保证住宅必要的日照间距，会影响到居住用地的标准。

（4）城市用地标准

因城市社会经济发展水平不同，加上房地产市场的需求状况不一，也会影响到住宅建设标准和居住用地指标。

2. 用地指标

（1）居住用地的比重

国标《城市用地分类与规划建设用地标准》（GB 50137-2011）中规定，居住用地占城市建设用地的比例为25% ~ 40%，可根据城市具体情况取值。如大城市可能偏于低值，小城市可能接近高值。在一些居住用地比值偏高的城市，随着城市发展，道路、公共设施等相对用地增大，居住用地的比重会逐步降低。

（2）居住用地人均指标

国标《城市用地分类与规划建设用地标准》规定，人均居住用地指标23.0 ~ 38.0m^2。

（三）居住用地的规划布局

l. 居住用地的选择

居住用地的选择关系到城市的功能布局，居民的生活质量与环境质量、建设经济与开发效益等多方面。一般应考虑以下几方面要求。

（1）选择自然环境优良的地区，有适合的地下与工程地质条件，避免选择易受洪水、地震灾害和滑坡、沼泽、风口等不良条件影响的地区。在丘陵地区，宜选择向阳、通风的坡面。在可能情况下，尽量接近水面和风景优美的环境。

（2）居住用地选择应协调与城市就业区和商业中心等功能地域的相互关系，以减少居住—工作、居住—消费的出行距离与时间。

（3）居住用地选择要十分注重用地自身及用地周边的环境影响。在接近工业区时，要选择在常年主导风向的上风向，并按环境保护等法律规定保持必要的防护距离，为营造卫生、安宁的居住生活空间提供环境保证。

（4）居住用地选择应有适宜的规模与用地形状，从而合理组织居住生活、经济有效地配置公共服务设施等。合适的用地形状将有利于居住区的空间组织和建设工程经济。

（5）在城市外围选择方面要注意留有余地。在居住用地与产业用地相配合一体安排时，要考虑相互发展的趋势与需要，如产业有一定发展潜力与可能时，居住用地应有相应的发展安排与空间准备。

2. 居住用地的规划布局

城市居住用地在总体布局中的分布，主要有以下方式。

（1）集中布置

当城市规模不大，有足够的用地且在用地范围内无自然或人为的障碍，而可以成片紧凑地组织用地时，常采用这种布置方式。用地的集中布置可节约城市市政建设投资，密切城市各部分在空间上的联系，在便利交通、减少能耗、时耗等方面可获得较好的效果。

但在城市规模较大、居住用地过于大片密集布置，可能会造成上下班出行距离增加，疏远居住与自然的联系，影响居住生态质量等诸多问题。

（2）分散布置

当城市用地受到地形等自然条件的限制，或因城市的产业分布和道路交通设施布局的影响时，居住用地可采取分散布置。前者如丘陵地区，居住用地沿多条谷地展开；后者如矿区城市，居住用地与采矿点相伴而分散布置。

（3）轴向布置

当城市用地以中心城市为核心，沿着多条由中心向外围放射的交通干线发展时，居住用地依托交通干线，在适宜的出行距离范围内，赋以一定的组合形态，并逐步延展。如有的城市因轨道交通的建设，带动了沿线房地产业的发展，居住区在沿线集结，呈轴线发展的态势（图2-2）。

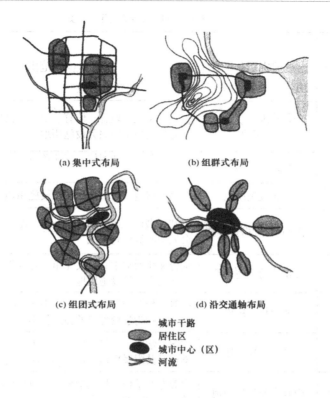

(a) 集中式布局　　(b) 组群式布局

(c) 组团式布局　　(d) 沿交通轴布局

——— 城市干路
居住区
城市中心（区）
河流

图2-2　几种不同类型的城市居住用地分布

四、公共设施用地布局

城市公共设施是以公共利益和设施的可公共使用为基本特性。公共设施的内容与规模在一定程度上反映出城市的性质、城市的物质生活与文化生活水平和城市的文明程度。

（一）公共设施用地的分类

城市公共设施种类繁多，且性质、归属不一。按照公共设施所属机构的性质及其服务范围，可以分为非地方性公共设施和地方性公共设施；按公共属性可以分为公益性设施和盈利性设施。《城市用地分类与规划建设用地分类标准》（GB 50137-2011）为区分公共设施的公益保障性和盈利性的特点，将公共设施用地分为公共管理与公共服务用地和商业服务业设施用地，见表2-3。

表2-3　城市公共设施用地分类

类别代码			类别名称	范围
大类	中类	小类		
A			公共管理与公共服务用地	行政、文化、教育、体育、卫生等机构和设施的用地，不包括居住用地中的服务设施用地
	A1		行政办公用地	党政机关、社会团体、事业单位等办公机构及其相关设施用地
	A2		文化设施用地	图书、展览等公共文化活动设施用地
		A21	图书展览设施用地	公共图书馆、博物馆、科技馆、纪念馆、美术馆和展览馆、会展中心等设施用地
		A22	文化活动设施用地	综合文化活动中心、文化馆、青少年宫、儿童活动中心、老年活动中心等设施用地
	A3		教育科研用地	高等院校、中等专业学校、中学、小学、科研事业单位等用地，包括为学校配建的独立的学生生活用地
		A31	高等院校用地	大学、学院、专科学校、研究生院、电视大学、党校、干部学校及其附属用地，包括军事院校用地
		A32	中等专业学校用地	中等专业学校、技工学校、职业学校等用地，不包括附属于普通中学内的职业高中用地
		A33	中小学用地	中学、小学用地
		A34	特殊教育用地	聋、哑、盲人学校及工读学校等用地
		A35	科研用地	科研事业单位用地
	A4		体育用地	体育场馆和体育训练基地等用地，不包括学校等机构专用的体育设施用地
		A41	体育场馆用地	室内外体育运动用地，包括体育场馆、游泳场馆、各类球场及其附属的业余体校等用地
		A42	体育训练用地	为体育运动专设的训练基地用地
	A5		医疗卫生用地	医疗、保健、卫生、防疫、康复和急救设施等用地
		A51	医院用地	综合医院、专科医院、社区卫生服务中心等用地
		A52	卫生防疫用地	卫生防疫站、专科防治所、检验中心和动物检疫站等用地
		A53	特殊医疗用地	对环境有特殊要求的传染病、精神病等专科医院用地
		A59	其他医疗卫生用地	急救中心、血库等用地
	A6		社会福利设施用地	为社会提供福利和慈善服务的设施及其附属设施用地，包括福利院、养老院、孤儿院等用地
	A7		文物古迹用地	具有历史、艺术、科学价值且没有其他使用功能的建筑物、构筑物、遗址、墓葬等用地
	A8		外事用地	外国驻华使馆、领事馆、国际机构及其生活设施等用地
	A9		宗教设施用地	宗教活动场所用地

类别代码			类别名称	范围
大类	中类	小类		
B	B1		商业服务业设施用地	商业、商务、娱乐康体等设施用地，不包括居住用地中的服务设施用地
			商业设施用地	商业经营活动及餐饮、旅馆等服务业用地
		B11	零售商业用地	以零售功能为主的商铺、商场、超市等用地
		B12	批发市场用地	以批发功能为主的市场用地
		B13	餐饮用地	饭店、餐厅、酒吧等用地
		B14	旅馆用地	宾馆、旅馆、招待所、服务型公寓、度假村等用地
	B2		商务设施用地	金融保险、艺术传媒、技术服务等综合性办公用地
		B21	金融保险用地	银行、证券期货交易所、保险公司等用地
		B22	艺术传媒用地	文艺团体、影视制作、广告传媒等用地
		B29	其他商务设施用地	贸易、设计、咨询等技术服务办公用地
	B3		娱乐康体设施用地	娱乐、康体等设施用地
		B31	娱乐用地	单独设置的剧院、音乐厅、电影院、歌舞厅、网吧以及绿地率小于65%的大型游乐等设施用地
		B32	康体用地	单独设置的赛马场、溜冰场、跳伞场、摩托车场、射击场，以及通用航空、水上运动的陆域部分等用地
	B4		公用设施营业网点用地	零售加油、加气、电信、邮政等公用设施营业网点用地
		B41	加油加气站用地	零售加油、加气以及液化石油气换瓶站用地
		B49	其他公用设施营业网点用地	独立地段的电信、邮政、供水、燃气、供电、供热等其他公用设施营业网点用地
	B9		其他服务设施用地	业余学校、民营培训机构、私人诊所、宠物医院、汽车维修站等其他服务设施用地

（二）公共设施用地的指标

公共设施指标的确定，是城市规划技术经济工作的重要内容之一。它关系到居民的生活，同时对城市建设经济也有一定影响，特别是大批量的公共设施和大型公共设施，指标确定的得当与否，更有重要的经济意义。

1. 公共设施用地规模的影响因素

影响城市公共设施用地规模的因素较为复杂，很难确切地预测，而且城市之间存在较大的差异，无法一概而论。在城市总体规划阶段，公共设施的用地规模通常不包括与市民日常生活关系密切的设施的用地规模，而将其计入居住用地的规模，例如居住区内的小型超市、洗衣店、美容院等商业服务设施用地。

影响城市公共设施用地规模的因素主要有以下几方面。

（1）城市性质，规模及城市布局的特点

城市性质不同，公共设施的内容及其指标应随之而异。如一些省会或地、县等行政中心城市，机关、团体、招待所以及会堂等设施数量较多，在旅游城市或交通枢纽城市，则需为外来游客或游客设置较多的旅馆、饭店等服务机构，因而相对地公共设施指标就要高一些。城市规模大小影响到公共设施指标的确定。规模较大的城市，公共设施的项目比较齐备，专业分工较细，规模相应较大，因而指标就比较高；而小城市，公共设施项目少，专业分工不细，规模相应较小，因而指标就比较低。但是在一些独立的工矿小城镇，为了设施配备齐全，而考虑为周围农村服务的需要，公共设施的指标又可能比较高。当城市空间布局不是集中成团状，而是成组群或是带状分布时，公共设施配置较为分散，但有些公共设施又必须具有基本的规模，这样就需要适当地提高指标。

（2）经济条件和人民生活水平

公共设施指标的拟定要从国家和所在城市的经济条件和人民生活实际需要出发。如果所定指标超越了现实或规划期内的经济条件和人民生活的需要，会影响居民对公共设施的实际使用、造成浪费。如果盲目地降低应有的指标，不能满足群众正当的生活要求，会造成群众生活的不便。

（3）社会生活的组织方式

城市生活随着社会的发展，而不断地充实和变化。一些新的设施项目的出现，以及原有设施内容与服务方式的改变，都将需要对有关指标进行适时的调整或重新拟定。

（4）生活习惯的要求

中国地域辽阔，自然地理条件迥异，又是多民族的国家，因而各地有着不同的生活习惯。反映在对各地公共设施的设置项目、规模及其指标的制定上，应有所不同。例如，南方多茶楼、游泳池等户外活动的项目，北方则多室内商场和市场，有的城市居民对体育运动特别爱好，有的小城市需有较多供集市贸易的设施。凡此，有关设施的指标就应该因地制宜，有所不同。

此外，公共设施的组织与经营方式及其技术设备的改革、服务效率的提高，对远期公共设施指标的拟定也会带来影响，应予以考虑。

2. 公共设施用地规模的确定

确定城市公共设施的用地规模，要从城市对公共设施设置的目的、功能要求、分布特点、城市经济条件和现状基础等多方面进行分析研究，综合地加以考虑。

（1）根据人口规模推算

通过对不同类型城市现状公共设施用地规模与城市人口规模的统计比较，可以得出该类用地与人口规模之间关系的函数或者是人均用地规模指标。

（2）根据各专业系统和有关部门的规定来确定。有一些公共设施，如银行、邮局、医疗、商业、公安部门等，由于它们业务与管理的需要自成系统，并各自规定了一套具体的建筑与用地指标。这些指标是从其经营管理的经济与合理性来考虑的。

（3）根据地方的特殊需要，通过调研，按需确定。在一些自然条件特殊、少数民族地区，或是特有的民俗民风地区的城市，某些公共设施需要通过调查研究，予以专门设置，并拟定适当的指标。

（三）公共设施用地规划布局

城市公共设施的布局在不同的规划阶段，有着不同的布局方式和深度要求。总体规划阶段，在研究确定城市公共设施总量指标和分类分项指标基础上，进行公共设施用地的总体布局，包括不同类别公共设施分级集聚并组织城市不同层级的公共中心。在具体落实各种公共活动用地时，一般遵循以下几条原则。

l. 建立符合客观规律的完整体系

公共设施用地，尤其是商务办公、商业服务等主要因市场因素变化的用地，其规划布局必须充分遵循其分布的客观规律。同时，结合其他用地种类，特别是居住用地的布局，安排好各个级别设施的用地，以利于商业服务设施网络的形成（图 2-3）。

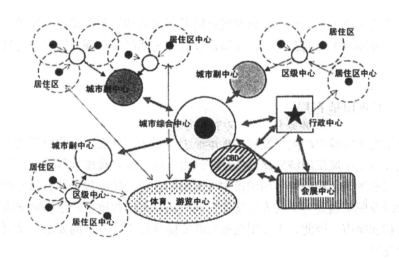

图 2-3　城市中各类公共活动中心的构成

2. 采用合理的服务半径

根据服务半径确定其服务范围大小及服务人数多少，一次性推算公共设施的规模。服务半径的确定首先是先从居民对设施方便使用的要求出发，同时也要考虑到公共设施经营管理的经济性与合理性。不同的设施有不同的服务半径。某项公共设施服务半径的大小，又将随它的使用频率、服务对象、地形条件、交通的便利程度以及人口密度的高低等而有所不同。如小学服务半径通常以不超过 500 m 为宜。在人口密度较低的地区，考虑到学校经营管理的经济性与合理性、学校合理规模的要求，服务半径可以定得大一点，反之，可小些。

3. 与城市交通系统相适应

大部分全市性的公共设施用地均需要位于交通条件良好、人流集中的地区。城市公共设施用地布局需要结合城市交通系统规划进行，并注意不同交通体系所带来的影响。在轨道公共交通较为发达的大城市中，位于城市中心的交通枢纽、换乘站、地铁车站周围通常是安排公共活动用地的理想区位。而在以汽车交通为主的城市中，城市干道两侧、交叉口附近、高速公路出入口附近等区位更适合布置公共设施用地。此外，社区设施用地的布局也要根据城市干道系统的规划，结合区内步行系统的组织进行。

4. 考虑对形成城市景观的影响

公共设施种类多，而且建筑的形体和立面也比较多样而丰富。因此，可通过不同的公共设施和其他建筑的协调处理与布置，利用地形等其他条件，组织街景与景点，以创造具有地方风貌的城市景观。

5. 与城市发展保持动态同步

公共设施用地布局还要考虑到对现有同类用地的利用和衔接以及伴随城市发展分期实施的问题，使该类用地的布局不仅在城市发展的远期趋于合理，同时也与城市发展保持动态同步。

五、工业用地布局

工业是近现代城市产生与发展的根本原因。对于正处在工业化时期的中国大部分城市而言，工业不仅是城市经济发展的支柱与动力，同时也是提供大量就业岗位、接纳劳动力的主体。工业生产活动通常占用城市中大面积的土地，伴随包括原材料与产品运输在内的货运交通以及职工通勤为主的人流交通，同时还在不同程度上产生影响城市环境的废气、废水、废物和噪声。因此，工业用地布局既要能满足工业发展的要求，又要有利于城市本身健康地发展。

（一）工业用地的特点

根据工业生产自身的特点，通常工业生产的用地必须具备以下几个条件。

（1）地形地貌、工程、水文地质、形状与规模方面的条件。工业用地通常需要较为平坦的用地（坡度 =0.5% ~ 2%），具有一定的承载力（1.5 kg/cm^2），并且没有被洪水淹没的危险，地块的形状与尺寸也应满足生产工艺流程的要求。

（2）水源及能源供应条件。可获得足够的符合工业生产需要的水源及能源供应，特别对于需要消耗大量水力或电力、热力等能源的工业门类尤为重要。

（3）交通运输条件。靠近公路、铁路、航运码头甚至是机场，便于大宗货物的廉价运输。当货物运输量达到一定程度时（运输量 > 10 万 t/年或单件在 5 t 以上）可考虑铺设铁路专用线。

（4）其他条件。与城市居住区之间应有通畅的道路以及便捷的公共交通手段，此外，工业用地还应避开生态敏感地区以及各种战略性设施。

（二）工业用地的类型与规模

工业用地的规模通常被认为是在工业区就业人口的函数，或者是工业产值的函数。但是不同种类的工业，其人均用地规模以及单位产值的用地规模是不同的，有时甚至相差很大。例如，电子、服装等劳动密集型的工业不但人均所需厂房面积较小，而且厂房本身也可以是多层的；而在冶金、化工等重工业中，人均占地面积就要大得多。同时随着工业自动化程度的不断提高，劳动者人均用地规模呈不断增长的趋势。因此，在考虑工业用地规模时，通常按照工业性质进行分类，例如，冶金、电力、燃料、机械、化工、建材、电子、纺织等；而在考虑工业用地布局时则更倾向于按照工业污染程度进行分类，例如，一般工业、有一定干扰和污染的工业、有严重干扰和污染的工业以及隔离工业等。事实上，这两种分类之间存在一定的关联。在中国现行用地分类标准中，工业用地按照其产生污染和干扰的程度，被分为由轻至重的一、二、三类。同时，工业用地在城市建设用地中的比例相应地为 15% ~ 30%。

（三）工业用地对城市环境的影响

工业生产过程中产生的污染物对周围其他用地，尤其是居住用地造成不同程度的影响。因此，对于工业用地的布局应尽量减少对其他种类用地的影响。通常采用的措施有以下几种。

1. 将易造成大气污染的工业用地布置在城市下风向

根据城市主导风向并在考虑风速、季节、地形、局部环流等因素的基础上，尽可能将大量排出废气的工业用地安排在城市下风向且大气流动通畅的地带，排放大量废气的工业不宜集中布置，以利于废气的扩散，避免有害气体的相互作用。

2. 将易造成水体污染的工业用地布置在城市下游

为便于工业污水的集中处理，规划中可将大量排放污水的企业相对集中布置，便于联合无害化处理和回收利用。处理后的污水也应通过城市排水系统统一排放至城市下游。

3.在工业用地周围设置绿化隔离带

事实证明，达到一定宽度的绿化隔离带不但可以降低工业废气对周围的影响，也可以达到阻隔噪声的作用。易燃、易爆工业周围的绿化隔离带还是保障安全的必要措施。

居住用地对工业污染的敏感程度最高，所以，从避免污染和干扰的角度看，居住用地应远离工业用地。但另一方面二者因职工通勤又需要相对接近。因此，就近通勤与减缓污染成为居住用地与工业用地布局中的一对矛盾。

（四）工业用地的选址

工业用地选址的要素除去我们前面所讲到的工业用地自身的特点外，还应考虑它与周围用地是否兼容，并有进一步发展的空间。按照工业用地在城市中的相对位置可分为以下几种类型。

1.城市中的工业用地

通常无污染、运量小、劳动力密集、附加值高的工业趋于以较为分散的形式分布于城市之中，与其他种类用地相间，形成混合用途的地区。

2.位于城市边缘的工业用地

占地与运输量较大、对城市有一定污染和干扰的工业更多选择城市边缘地区，形成相对集中的工业区。这样一方面可以获得廉价的土地和扩展的可能；另一方面可以避免与其他种类的用地之间产生矛盾。这样的工业区在城市中可能有数个。

3.独立存在的工业用地

因资源分布、土地利用的制约甚至是政策因素，一部分工业用地选择与城市有一定距离的地段，形成独立的工业用地、工业组团或工业区。例如，矿业城市中的各采矿组团、作为开发区的工业园区等。当独立存在的工业用地形成一定规模时，就需要安排配套生活用地以及通往主城区的交通干线。

（五）工业用地在城市中的布局

根据利于生产、方便生活且为将来发展留有余地、为城市发展减少障碍的原则，城市土地利用规划应从各个城市的实际出发，选择适宜的形式安排土地利用布局。除与其他种类用地交错布局形成混合用途中的工业用地外，常见的相对集中的工业用地布局形式有以下几种。

1. 工业用地位于城市特定地区

工业用地相对集中地位于城市某一方位上，形成工业区，或者分布于城市周边。通常中小城市中的工业用地多呈此种形态布局，特点是总体规模较小，与生活居住用地之间具有较密切的联系，但容易造成污染，且当城市进一步发展时，有可能形成工业用地与生活居住用地相间的情况。

2. 工业用地与其他用地形成组团

由于地形条件原因或者城市发展的时间积累，工业用地与生活居住用地共同形成了相对明确的功能组团。这种情况常见于大城市或山地丘陵城市，其优点是一定程度上平衡了组团内的就业与居住，但同时工业用地与居住用地之间又存在交叉布局的情况，不利于局部污染的防范。城市整体的污染防范可以通过调整各组团中的工业门类来实现。

3. 工业园或独立的工业卫星城

工业园或独立的工业组团，通常有相对较为完备配套生活居住用地，基本上可以做到不依赖主城区，但与主城区有快速便捷的交通联系。如北京的亦庄经济技术开发区，上海的宝山、金山、松江等卫星城镇。

4. 工业地带

当某一区域内的工业城市数量、密度与规模发展到一定程度时，就形成了工业地域。这些工业城市之间分工合作，联系密切，但各自独立并相对对等。德国著名的鲁尔地区在20世纪80年代期间就是一种典型的工业地带。事实上，对工业地带中工业及相关用地规划布局已不属于城市规划的范畴，而更倾向于区域规划所应解决的问题。

六、物流仓储用地布局

随着经济全球化和现代高新技术的迅猛发展，现代物流在世界范围内获得迅速发展，成为极具增长前景的新兴产业。由于物流、仓储与货运存在关联性和与兼容性，国标《城市用地分类与规划建设用地标准》（GB 50137-2011）中有规定设立物流仓储用地，并按其对居住和公共环境的影响的干扰污染程度分为三类。

（一）物流仓储用地的分类

这里所指的物流仓储用地包括物资储备、中转、配送、批发、交易等用地，包括大型批发市场以及货运公司车队的站场（不包括加工）等用地。按照我国现行的城市用地标准，物流仓储用地被分为：一类物流仓储用地；二类物流仓储用地；三类物流仓储用地，见表2-4。

表2-4 物流仓储用地分类

类别名称	范围
一类物流仓储用地	对居住和公共环境基本无干扰、污染和安全隐患的物流仓储用地
二类物流仓储用地	对居住和公共环境有一定干扰、污染和安全隐患的物流仓储用地
三类物流仓储用地	存放易燃、易爆和剧毒等危险品的专用仓库用地

（二）物流仓储用地在城市中的布局

物流仓储用地的布局通常从物流仓储功能对用地条件的要求以及与城市活动的关系这两方面来考虑。首先，用作物流仓储的用地必须满足一定的条件，例如，地势较高且平坦，但有利于排水的坡度、地下水位低、地基承载力强、具有便利的交通运输条件等；其次，不同类型的物流仓储用地应安排在不同的区位中。其原则是与城市关系密切，为本市服务的物流仓储设施，例如综合性物流中心、专业性物流中心等，应布置在靠近服务对象、与市内交通系统联系紧密的地段。对于与本市经常性生产生活活动关系不大的物流仓储设施，例如战略性储备仓库、中转仓库等，可结合对外交通设施，布置在城市郊区。因仓库用地对周围环境有一定的影响，规划中应使其与居住用地之间保持一定的卫生防护距离（表2-5）。此外，危险品仓库应单独设置，并与城市其他用地之间保持足够的安全防护距离。

表2-5 仓储用地与居住用地之间的卫生防护距离

仓库种类	宽度 /m
全市性水泥供应仓库、可用废品仓库	300
非金属建筑材料供应仓库、煤炭仓库、未加工的二级原料临时储藏仓库，500 m² 以上的藏冰库	100
蔬菜、水果储藏库，600 t 以上批发冷藏库，建筑与设备供应仓库（无起灰料的），木材贸易和箱桶装仓库	50

七、城市绿地布局

（一）城市绿地系统的组织

城市绿地指以自然植被和人工植被为主要存在形态的城市用地。它是城市用地的组成部分，也是城市自然环境的构成要素。城市绿地系统要结合用地自然条件分析，有机组织，一般遵循以下原则：

l.内外结合，形成系统

以自然的河流、山脉、带状绿地为纽带，对内联系各类城市绿化用地，对外与大面积森林、农田以及生态保护区密切结合，形成内外结合、相互分工的绿色有机整体。

2. 均衡分布，有机构成城市绿地系统

绿地要适应不同人群的需要，分布要兼顾共享、均衡和就近分布等原则。居民的休息与游乐场所，包括各种公共绿地、文化娱乐设施和体育设施等，应合理地分散组织在城市中，最大程度地方便居民使用。

3. 远景目标与近期建设相结合

城市绿地系统规划必须先于城市发展或至少与城市发展同步进行。规划要从全局利益及长远观点出发，按照"先绿后好"的原则，提高规划目标，同时做到按照规划，分期、分批、有步骤、按计划实施。

（二）城市开放空间体系的布局

城市的绿地、公园、道路广场以及周边的自然空间共同组成了城市的开敞空间系统。开敞空间不仅是城市空间的组成部分，也要从生态、舒适度、教育、社会以及文化等多方面加以评价。20 世纪 90 年代，伦敦提出将建立开敞空间系统作为一个绿色战略，而不仅仅是一个公园体系。城市开敞空间体系的具体布局方式有多种形式，如绿心、走廊、网状、楔形、环状等。

第三章　建筑设计基本方法

第一节　设计概念

一、设计

设计从广义上来说其本质就是人类有目的的意识活动。设计从狭义上来说，即是人们有目的地寻求尚不存在的事物，或称之为发明、创造。它与科学的特征不同，科学是研究客观存在的事物，探索其客观规律，变不知为可知，称其为发现，而设计则要如实反映并掌握已知的客观规律，遵循其所存在的系统性、等级结构、层次结构、交联结构等序列性，采取最佳对策，将意愿与意志变为现实，从而创造出新的人为事物，包括创造物质的产品和环境与创造精神的产品和环境，有时两者兼而有之。

二、建筑设计

设计在建筑学领域构成了特有的设计特征，这种特征表现为以下几方面。

（一）建筑设计是一种图示思维与解决矛盾的过程

建筑设计同一切设计一样，都是一种有目的的造物活动，是概念和因素转化为物质结果的必要环节。但就其专业特征来说，建筑设计过程自始至终贯穿着思维活动与图示表达同步进行的方式，两者互动，共同促进设计进程并提高设计质量。

根据建筑学专业特点，这种逻辑思维需要转换为图示思维，以便借助徒手草图形式把思维活动形象地描述出来，并通过视觉反复验证达到刺激方案的生成和发展。这就形成了建筑学专业独特的图示思维方式。

它的作用是：

1.图示思维能将思维中不稳定的、模糊的意象变为视觉可感知的图形。

2.图示思维可以调动视觉这个人类最敏感的器官刺激思维的发展，验证思维的成果。

3.图示思维所表达出来的形象可以作为评价、比较、交流、修改设计的依据，成为设计发展的基础。

4.设计灵感的产生往往在图示思维过程中能偶然闪现，只要善于抓住机遇，往往能成为构思立意的起点。

5.连续图示思维的成果包含了不同层次的视觉思维表达，常常成为设计创作过程的最好踪迹，以此可作为设计的总结和提高。

因此，图示思维是建筑师应具备的特有素质，其熟练程度直接影响到建筑设计过程的速度和最终成果的质量。

（二）建筑设计是一种有目的的空间环境建构过程

与其他任何一项设计不同，建筑设计的最终产品是为人类创造一个适宜的空间环境，大到区域规划、城市规划、城市设计、群体设计、建筑设计，小至室内设计、产品设计、视觉设计，等等。无论建筑师设计的上述何种产品，"空间环境"自始至终都成为意愿的起点，又是所要追求的最终目标。建筑师的一切行为就是这样紧紧围绕着空间建构而展开。因此，建筑师在设计中不但要考虑建筑空间与环境空间的适应问题，还要妥善处理建筑内部各组成空间相互之间的内在必然联系，直至推敲单一空间的体量、尺度、比例等细节，更深一层的空间建构还需预测它能给人以何种精神体验，达到何种气氛、意境。从空间到空间感都是建筑师在建筑设计过程中进行空间建构所要达到的目标，这就是说，空间环境的建构过程必须全面考虑并协调人、建筑、环境三大系统的内在有机联系。

（三）建筑设计是一种创造生活的过程

建筑设计虽然是一种空间建构过程，但并不是纯形式构成，建筑物与鸟巢、蜂窝的根本区别在于后者是动物为适应单一生存目的的一种本能活动，而建筑设计则是人类为多种目的进行的生活创造，赋予空间以生命的关键就是因为纳入了人的因素。建筑师不仅要考虑空间中人行为的正常发展及其相互关系的和谐，而且综合运用技术、艺术的手段创造出符合现代生活要求的空间环境。人的现代生活行为都是有一定的关系和相互和谐的关系。住宅设计中，起居、睡眠、休息、用餐、娱乐、会客、团聚、家务、洗浴等诸多生活内容若不按人的生活秩序组织设计，建成后给人带来的生活紊乱是可想而知的。只有按现代生活秩序的要求将起居空间安排在户内流线的前部，以适应公众性的需要，将卧室空间设置在户内流线的端部以保证一定程度的私密性。而厨房空间的位置应使从住户入口到厨房的流线既短又不干扰其他主要流线的生活秩序，用餐空间应紧临厨房空间，无论在视线上或行为上都应有方便的联系，在两者的界面上应有能放置各自生活必备品的贮存空间，以便能在使用上各得其所。这些符合居住生活秩序的空间布局加强了生活的条理性，从而创造了高效有序的现代生活方式。因此，建筑设计的意义不在于生活的容纳，而在于生活的切实安排。一旦确立适应现代生活秩序的准则，就会大大提高现代生活的价值。同理，任何其他类型的建筑设计莫不是为人们创造多种形式的现代生活方式而进行设计的。

第二节 设计模型

所谓模型，是作为对"设计"结构的一种描述方式，以便从方法学上进一步理解建筑设计的组成部分及其相互关系。建筑师从中可以了解如何在相应领域提高自己的设计能力。

一、设计模型的构成

根据现代认识心理学和实际设计过程的分析，我们可以把设计大致分为五个组成部分，即输入、处理、构造、评价和输出。

（一）输入

建筑师从接到任务书开始着手方案设计，首先面临着要进行大量信息的输入工作，包括外部条件输入、内部条件输入、设计法规输入、实例资料输入。

输入信息的目的是充分了解建造的条件与制约、设计的内容与规模、服务的对象与要求。输入信息的渠道可以通过现场踏勘、查阅资料、咨询业主、实例调查等。输入信息的方式：一是应急收集，即接到任务书后，为专项设计进行有目标的资料收集；二是信息积累，对于通用的信息资料，如规范、生活经验、常用尺寸等要做到平时日积月累，用时信手拈来。

（二）处理

所有输入的设计信息非常广泛而复杂，这些原始资料并不能导致方案的直接产生，建筑师必须经过加工和处理，从信息的乱麻中理出方案起步的头绪。处理的方法主要是运用逻辑思维的手段进行分析、判断、推理、综合，为找到问题的答案提供线索。

（三）构造

信息经过处理后，建筑师开始启动立意构思的丰富想象力，由此产生方案的毛坯，并从不同思路多渠道地去探索最佳方案。这样，对信息的逻辑处理在此阶段就转化为方案的图示表达。

（四）评价

如何从多个探讨方案中选择最有发展前途的方案进行深化工作，这不像数理化学科可以用对错来判断，却只能是相对而言，在好与不好、满意与不满意之间进行比较。从这个意义上来说，方案设计阶段又是决策过程，评价决定了选择方案的结果，也决定了设计方向和前途。

（五）输出

建筑设计的最后成果必须以文字和图形、实物等方式输出才能产生价值。输出的目的：一是作为实施的依据；二是对建筑师自身能不断评价，调整修正，最后达到理想的结果；三是使建筑师的创作成果得到公众的理解和认同。

二、设计模型的运行

从设计的宏观过程来看，设计模型的五部分是按线性状态运行的，即输入—处理—构造—评价—输出。这就是说，建筑设计从接受设计任务书进行信息资料收集开始，通过对任务书的理解及一切有关信息的处理明确设计问题，建立设计目标，针对这些问题和目标构造出若干试探性方案，通过比较、评价选择一个最佳方案，并以文字、图形等手段将其输出。大多数设计工作是按这个程序完成的，从这个过程来看，设计模型类似一个计算机工作的原理。这样来研究设计模型的结构有助于按各个层面去观察问题，去认识相互关系。

然而，在实际的设计工作中，这五部分又往往不是线性关系，而是任意两部分都存在随机性的双向运行，从而形成一个非线性的复杂系统。其运行线路我们无法预知，有时一个信息输入后都有可能进入任何一部分，而输入本身也往往受其他部分的控制。总之，各部分之间都处于动态平衡之中。

三、设计模型的掌握

从设计模型的组成来看，设计能力是由五方面构成的，各包含不同的知识领域。在设计模型运行状态中，把知识用于解决问题就成为技能，技能进一步强化便转为设计技巧。因此，掌握设计模型的能力体现在知识的增加和技能的熟练两个方面。

在实际的设计过程中为什么会出现有些建筑师的方案设计上路快，设计水平高，表现出设计能力强，而有些建筑师的方案设计周期长，设计水平低，表现出设计能力弱呢？这是因为两者对设计模型的掌握存在差别，前者因为设计经验丰富，动手操作熟练，设计技能高明等有利条件使设计模型运行速度快，运行路线短捷，甚至某些部分同步运行，这就大大提高了设计效率和质量。而后者由于与前者相反的原因致使设计模型运行速度慢、运行路线紊乱，导致设计效率低下，问题百出。

因此，得心应手地掌握设计模型的运行是每一位初学设计者和建筑师在设计方法上应努力追求的目标。

第三节　设计方法

一、设计程序的意义

任何一个行为的进行都有其内在的复杂过程，特别是设计行为，因为它涉及最广泛的关联性，其广义可关联到社会、政治、经济、自然资源、生态环境等范围，狭义上又关联到具体的建筑内容、功能和形式、材料与结构等因素。建筑设计的目的就是把名目繁多的关联因素变为综合的有机整体——设计成果。

这种转变过程虽然极其复杂，但事物的发展都有其内在的规律性，只要设计行为按一定的规则性和条理性行事，即按正确的设计程序展开，就能使设计行为正常发展。因此，懂得了设计程序，即掌握了设计的脉络。

二、设计程序的步骤

从设计的宏观控制来看，设计程序经历了环境设计—群体设计—单体设计—细部设计的线性过程，前一环节是后一环节的设计依据和基础。如同画人体素描一样，先要把握人体的轮廓，各部位比例务必准确，在此基础上才能深入对细节的刻画。如若违反这一程序，尽管眼睛刻画得炯炯有神，但因人体失去正常比例，其结果也是徒劳的。但建筑设计又不完全等同人体素描，后者的对象是客观存在的，有不可改变性，不能因为细节刻画得精彩但与整体失调而舍本逐末去改变人体比例，建筑设计却不然，它的对象是尚不存在的，不是绝对的，设计程序中的后一环节常常可以反作用于前一环节。因此，正确的设计程序应是先从环境设计入手，再进入群体设计或单体设计，最后深入细部设计。但这种设计不是截然分明，总是交织在一起，处于动态进行之中，有时需要同步进行考虑。

我们一些建筑师，特别是初学设计者往往容易一开始就陷入对细节的考虑，常常为此自鸣得意，而忽略对总体的把握，这是设计水平难以提高的根源之一。在建筑设计教学中，这种违反正确设计程序的现象也屡见不鲜。如课题设计无实际环境条件而以假设地段取而代之，更有甚者，在完成单体设计之后才回过头设计地形，无论从设计观念，还是设计方法上都违反了正常的设计程序。

第四节　设计思维

　　建筑设计是由思维过程和表达手段完成的，两者共同构成建筑设计方法的内涵。对于初学设计者来说，认识并掌握设计思维的普遍规律，有助于加强设计的主观能动性，提高设计能力。

一、思维程序

　　设计行为是受到思维活动支配的。从设计一开始，建筑师就要对名目繁多的与设计有关联的因素，如建造目的、空间要求、环境特征、物质条件等分门别类地进行考察，找出其相互关系及各自对设计的规定性。然后采取一定的方法和手段，用建筑词汇将诸因素表述为统一的有机整体。这种思维过程有很强的逻辑推理，可以概括为部分（因素）到整体（结果）的过程，这就是设计方法所应遵循的特定思维程序。在这种思维程序中，部分与整体的关系表现为部分是整体的基本内容，隶属于整体之中，整体是部分发展和组合的结果。

　　所谓部分处理即把将要表现为整体的结构和复杂事物中的各个因素分别进行研究处理的思维过程，由于部分经常表现为自由分离状态，因此，对于设计经验不足的建筑师容易被某部分因素吸引而忽略其各部分的内在联系，出现方案生搬硬套、东拼西凑的现象。

　　所谓整体处理就是把对象的各部分、各方面的因素联系起来考虑的思维过程。综合的结果使事物包含着的多样属性以整体展现出来。从这个意义上来说，整体过程是思维程序的决定性步骤。

　　但是，从部分到整体这种传统的设计思维结构，在19世纪以前受到社会科学和自然科学发展缓慢的限制，一直没有显著的变化。直到欧洲工业革命，特别是20世纪40年代后，新兴学科的发展日新月异，系统论、控制论、运筹学、生态环境学等学科的发展为在各学科间创立统一语言建立广泛联系提供了可能。建筑学一旦被划入社会范畴就日趋与社会总体发生密切关系。因此，建筑师在着手建筑设计时，往往先要对设计对象的社会效果、经济效益、生态环境等做出全面综合考察。只有在可行的前提下，建设者才会做出投资的决策。然后建筑师才进入下阶段对因素的部分进行处理，最后综合产生一个新的建筑整体。这种整体—部分—整体的思维结构是设计方法的重大变革，使建筑设计不再是古典主义学派的单体设计，而是能使人、建筑、环境产生广泛而紧密联系的整体环境设计。

二、思维手段

　　所谓思维手段是思维活动赖以进行的方式，是达到目的的方法。就建筑师个人的思维手段而言，它是依赖思维器官（大脑）的大量信息储存和经验知识，按一定结构形式进行各种信息交流的思维方法。它在设计方法中占有重要的地位，即使在现代科学高度发展的今天，在计算机辅助设计日趋普及的前景下也没有别的手段能够替代。

建筑师在运用思维进行设计时，主要依靠逻辑思维和形象思维两种方式。

（一）逻辑思维

逻辑思维主要用于以下几个方面：

1.项目确定与目标选择。不同的项目其追求的目标不同，即使同一项目因处在不同场所，其目标选择也应体现它的特定性。

2.认识外部环境对设计的规定性。文化属性、价值观念、审美准则、人口构成等软环境以及自然条件、城市形态、基地状况等硬环境对设计的制约。

3.设计对象的内在要求与关系。熟知任务书，进行调查研究，寻找功能布局的内在逻辑与规律。

4.意志与观念的表现。确定构思与立意，寻找设计的主要思路与手段，这是意志与观念的突出反映，并贯穿于整个设计过程中。

5.技术手段的选择。任何一项设计都是以技术条件为实施前提，建筑师应使技术手段和意志观念紧密结合，最终塑造出所追求的预期目标。

6.鉴定与反馈。整个设计过程是伴随着进行不断的信息反馈以鉴定、修正、完善前一设计工作的成果，即使工程完工也是通过鉴定与反馈为将来新的设计创作提供经验与教训。总之，逻辑思维是运用分析、抽象、概括、比较、推理、综合等手段，强调设计对象的整体统一性和规律性，是一种理性的思考过程。

（二）形象思维

形象思维是建筑设计特有的思维手段，这是由于建筑师需要通过二维图形——平、立、剖面来表达三维的形体与空间所决定的，因此，建筑师应具有一种空间形象的想象力。形象思维包括具象思维和抽象思维，都是建筑师应具备的素质。

1.具象思维

具象是使喻示的概念直观化，即从概念到形象的直接转化。它能启迪人们的联想，产生与建筑师设计意图的心理共鸣。例如，萨里宁（Eero Saarinen）设计的纽约肯尼迪机场TWA 候机楼（图 3-1），它像只苍鹰展翅欲飞，这种形象很容易引起人们对航空的联想。

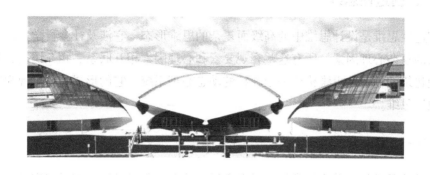

图 3-1 纽约肯尼迪机场 TWA 候机楼

2.抽象思维

抽象是隐喻非自身属性的抽象概念，它表现的是人们的感知与思维转化而成的一种精神上的含义，建筑艺术所反映出来的也往往是这种抽象的精神概念。勒·柯布西耶（Le Corbusier）设计的朗香教堂（图 3-2）是抽象思维的代表作，该建筑物的墙、屋顶都呈扭曲状，无规则的大小窗洞透进的星点点之光造成光怪陆离的效果，一种神秘莫测的气氛油然而生。在设计过程中，一般来讲常从逻辑思维入手，以摸清设计的主要问题，为设计思路打开通道。特别是对于功能性强、关系复杂的建筑尤其要搞清内外条件与要求。另一方面，有时需要从形象思维入手，如一些纪念性强或对建筑形象要求高的建筑，需要先有一个形象的构思，然后再处理好功能与形式的关系。但是，逻辑思维与形象思维并不是如此界限分明，而是常常交织在一起。在具体设计中，谁先谁后并不是问题的关键，重要的是要把两者统一起来进行。

图 3-2 朗香教堂

三、创造性思维

创造性思维是设计思维中的高级而复杂的思维形态，它涉及社会科学、自然科学，也涉及人的复杂心理因素。所有这些客观要素和心理因素相互联系、相互诱发、相互促进，从而使建筑的创造性思维构成一个独特的动态心理系统。它的形式主要呈现为发散性思维和收敛性思维。

（一）发散性思维

发散性思维是一种不依常规、寻求变异，从多方面寻求答案的思维方式，它是创造性思维的中心环节，是探索最佳方案的必由之路。

I. 发散性思维的特征

发散性思维具有三个特征。

（1）流畅

指心智活动畅通少阻，灵敏、迅速，能在短时间内表达较多的概念和符号，是发散性思维量的指标。

（2）变通

指思考能随机应变，触类旁通，不局限于某方面，不受消极定势的桎梏。

（3）独特

指从前所未有的新角度、新观点去认识事物、反映事物，对事物表现出超乎寻常的独到见解。

由于建筑设计的问题求解是多向量和不定性的，答案没有唯一的解，这就需要建筑师运用思维发散性原理，从若干试误性探索方案中寻求一个相对合理的答案。如果思维的发散量越大，也即思想越活跃、思路越开阔，那么，有价值的答案出现的概率就越大，就越能导致问题求解的顺利实现。

2. 不同的思维发散

上述思维发散"量"固然影响到问题答案的"质"，但是，思维发散方向却对创造性思维起着支配作用。因为，不同思考路线即不同思维发散方向会使求解结果在不同程度上出现质的变化，因而导致不同方案的产生。这种不同思维发散方向可归纳为以下三种情况

（1）同向发散

即从已知设计条件出发，按大致定型的功能关系使思维轨迹沿着同一方向发散，发散的结果得出大同小异的若干方案。如赖特（Frank Lloyd Wright）在不同地点为不同业主设计的两幢住宅虽然平面形式、房间的空间形态各不相同，但是各房间的功能关系却是完全相同的。因此，从设计的本质特征看两者同属一种思维方向的结果，所不同的仅是表现形式有所差别而已。（图 3-3、图 3-4）

图 3-3 赖特的设计（一）

图 3-4 赖特的设计（二）

（2）多向发散

即根据已知条件，从强调个别因素出发，使思维轨迹沿不同方向发散，发散结果会得出各具特色的方案。如20世纪80年代全国文化馆设计竞赛，同一设计条件下105件获奖作品都各具特色，显示出参赛者的思维发散是多向性的。他们各自强调方案与众不同的特点，大胆拓展思路，表达了各自对建筑与文化的不同理解、不同追求。方案采用集中式布局，利用"四大块"中间形成中庭茶座，突出体现南方县城特有的"闻鸡起舞、品茗早茶、听书聊天"的文化情趣。方案采用定型单元进行设计，强调根据不同地形条件进行组合的灵活性。方案从平面布局到造型设计，倾心追求民族风格的体现。三个获奖方案沿着三个方向进行思维发散，方案"质"的差别较为明显，体现了各自强烈的个性。

（3）逆向发散

即根据已知设计条件，打破习惯性思维方式，变顺理成章的"水平思考"为"反过来思考"，常常可以引导人们从事物的另一极端披露其本质，从而弥补单向思维的不足。这种思维发散的结果往往产生人们意料不到的特殊方案。例如，设备管道在绝大多数设计情况下，建筑师的思考方式是利用管井、吊顶把它们掩藏起来。然而，皮阿诺（Renzo Piano）和罗杰斯（Richard Rogers）设计的蓬皮杜艺术与文化中心（图3-5）却逆向思维，

"翻肠倒肚"似的把琳琅满目的管道毫不掩饰地暴露在外，甚至用鲜艳夺目的色彩加以强调。这件作品一问世，立即引起了人们的惊叹。

图 3-5　蓬皮杜艺术与文化中心

（二）收敛性思维

发散性思维是对求解途径的一种探索，而收敛性思维则是对求解答案做出的决策，属于逻辑推理范畴。它对发散性思维的若干思路以及所产生的方案进行分析、比较、评价、鉴别、综合，使思维相对收敛，有利于做出选择。

当然，这两种创造性思维不是一次性完成的，往往要经过发散—收敛—再发散—再收敛，循环往复，直到问题得到圆满解决。这是建筑创作思维活动的一条基本规律。

（三）创造性思维障碍

在许多情况下，"思维定势"常常会成为创造性思维的桎梏。例如，红砖可以盖房子，这是一般人通常的思维方法。但是，如果思维仅限于红砖可以盖房子这种认识，那么就会使思维僵化。我们为什么不能认为红砖可以用来敲钉子，可以打狗呢？这种思考就突破了原有的"心理束缚"，创造性地把红砖的用途扩充到常规用途以外。建筑师都希望自身具有创造性思维，但是，现实却令人遗憾，建筑形式的"千篇一律"其缘由是多方面的，建筑师的创造性思维存在障碍也是重要的方面。这种障碍就是思维的僵化，反映在两方面：一方面因经验而对事物的认识形成固定化，经验对于一个人的创作来说无疑是十分宝贵和重要的，但运用经验却不能一成不变，倘若建筑师在解题过程中总是习惯地沿用以往的思维方法，必然会产生"先入为主"的思维定式，一旦如此，就会把经验变为框框，成为束缚自己发挥创造性思维的消极因素；另一方面是解决途径的单一化，认为要解决某种问题只有一种方法，即现成的方法。其实，有时第一种方法只不过是首先想到而已，若以此为满足，就会放弃对更好方法的探索。找到了妨碍创造性思维的症结，建筑师就能在克服"思维定式"的桎梏后激发出无穷的创作力。

第五节　常用规范

一、台阶、坡道和栏杆

（一）台阶

台阶设置应符合下列规定。

1. 公共建筑室内外台阶踏步宽度不宜小于 0.30 m，踏步高度不宜大于 0.15 m。室内台阶踏步数不应少于 2 级，当高差不足 2 级时，应按坡道设置。

2. 人流密集的场所台阶高度超过 0.70 m 并侧面临空时，应有防护设施。

（二）坡道

坡道设置应符合下列规定。

1. 室内坡道不宜大于 1：8，室外坡道不宜大于 1：0，供医疗使用的坡道不应大于 1：10，供少年儿童安全疏散的坡道和供轮椅使用的坡道不应大于 1：12。

2. 室内坡道水平投影长度超过 15 m 时，宜设休息平台，平台宽度应根据轮椅或病床等尺寸及所需缓冲空间而定。

3. 坡道应采取防滑措施。

4. 供轮椅使用的坡道两侧应设高度为 0.65 m 的扶手。

（三）栏杆

凡阳台、外廊、室内回廊、内天井、上人屋面及室外楼梯等临空处应设置防护栏杆，并应符合下列规定：

1. 栏杆应以坚固、耐久的材料制作，并能承受荷载规范规定的水平荷载。

2. 低层、多层建筑栏杆高度不应低于 1.05 m，中高层、高层建筑栏杆高度不应低于1.10 m，超高层建筑的栏杆高度不应低于 1.20 m。

注：栏杆高度从楼地面及屋面至栏杆扶手顶面垂直高度计算，如底部有宽度大于 0.22m，高度低于 0.40m 的可踏部位，应从可踏部位顶面起计算。

3. 栏杆离楼面或屋面 0.10 m 高度内不宜留空。

4. 住宅、托儿所、幼儿园、中小学及少年儿童专用活动场所的栏杆必须采用防止少年儿童攀登的构造，栏杆垂直杆件间的净距不应大于 0.11 m。

5. 商场等允许少年儿童进入的场所，采用垂直杆件做栏杆时，其间距也不应大于 0.11 m。

二、楼梯

1. 楼梯的数量、位置和楼梯间形式应满足使用方便和安全疏散的要求。

2. 楼梯梯段宽度除应符合防火规范的规定外，供日常主要交通用的楼梯的梯段宽度应根据建筑物使用特征，按每股人流为 0.55+（0～0.15）m 的人流股数确定，并不应少于两股人流。

注：楼梯的梯段宽度系指墙面至扶手中心或扶手中心之间的水平距离；0～0.15 m 为人流在行进中人体的摆幅，公共建筑人流众多的场所应取上限值。

3. 梯段改变方向时，扶手转向端处的平台最小宽度不应小于梯段宽度，并不得小于 1.20 m，当有搬运大型物件需要时应适量加宽。

4. 每个梯段的踏步不应超过 18 级，亦不应少于 3 级。

5. 楼梯平台上部及下部过道处的净高不应小于 2 m，梯段净高不应小于 2.20 m。

注：梯段净高为自踏步前缘（包括最低和最高一级踏步前缘线以外 0.30m 范围内）至上方突出物下缘间的垂直高度。

6. 楼梯踏步的高宽比应符合表 3-1 的规定。

表 3-1　楼梯踏步的高宽比

楼梯类别	最小宽度 / m	最大高度 / m
住宅共用楼梯	0.26	0.175
幼儿园、小学校等楼梯	0.26	0.15
影剧院、体育馆、商场、医院、疗养院等楼梯	0.28	0.16
办公楼、科研楼、宿舍、中学、大学等楼梯	0.26	0.17
专用疏散楼梯	0.25	0.18
服务楼梯、住宅套内楼梯	0.22	0.20

7. 楼梯应至少于一侧设扶手，楼段净宽达 3 股人流时应两侧设扶手，达 4 股人流时宜加设中间扶手。

8. 室内楼梯扶手高度自踏步前缘线量起不应小于 0.90 m。靠楼梯井一侧水平扶手长度超过 0.50 m 时，其高度不应小于 1.05 m。

9. 踏步前缘部分应设防滑措施。

10. 托儿所、幼儿园、中小学及少年儿童专用活动场所的楼梯，梯井净宽大于 0.20 m 时，必须采取防止少年儿童攀滑的措施，楼梯栏杆应采取不易攀登的构造，垂直杆件间的净距不应大于 0.11 m。

注：无中柱螺旋楼梯和弧形楼梯离内侧扶手中心 0.25 m 处的踏步宽度不应小于 0.22m。

11. 老年人、残疾人及其他专用服务楼梯按有关规范的规定设置。

三、电梯、自动扶梯和自动人行道

（一）电梯

电梯设置应符合下列规定。

1. 电梯不得计作安全出口。

2. 以电梯为主要垂直交通的高层公共建筑及 12 层以上（含 12 层）的高层住宅，每栋楼设置电梯的台数不应少于 2 台。

3. 建筑物每个服务区单侧排列的电梯不宜超过 4 台，双侧排列的电梯不宜超过 2×4 台。

4. 电梯候梯厅的深度应符合表 3-2 的规定，并不得小于 1.50 m。

表 3-2 候梯厅深度

电梯类别	布置方式	候梯厅深度
住宅电梯	单台	≥ B
	多台单侧排列	≥ B*
公共建筑电梯	单台	≥ 1.5B
	多台单侧排列	≥ 1.5B
	当电梯为 4 台时	≥ 2.40 m
	多台双侧排列	≥相对电梯 B 之和并 < 4.50 m
病床电梯	单台	≥ 1.5B
	多台单侧排列	≥ 1.5B
	多台双侧排列	≥相对电梯 B 之和
注：B 为轿厢深度，B* 为电梯群中最大轿厢深度；本表规定的深度不包括穿越候梯厅的走道宽度。		

5. 电梯井不应被楼梯环绕。

6 电梯井道和机房不宜与主要用房贴邻布置，否则应采取隔振、隔声措施。

7 机房应为专用的房间，其围护结构应保温隔热，室内应有良好通风、防潮和防尘，不得在机房顶板上直接设置水箱及在机房内直接穿越水管或蒸汽管。

8 消防电梯的布置应符合《建筑设计防火规范》（GB 50016）的规定。

9 首层电梯厅至室外地面应有无障碍设施。

（二）自动扶梯、自动人行道

自动扶梯、自动人行道应符合下列规定。

1. 自动扶梯和自动人行道不得计作安全出口。

2. 起止平台的深度除满足设备安装尺寸外，根据梯长和使用场所的人流需要，自扶手带转向端至前面障碍物应留有足够的等候及缓冲面积。

3. 栏板应平整、光滑和无突出物，扶手带外边至任何障碍物不宜小于 0.50 m，否则应采取措施防止障碍物引起人员伤害。

4. 自动扶梯的梯级、自动人行道的踏板或胶带上空，垂直净高不应小于 2.30 m。

5. 公用自动扶梯的倾斜角不应超过30°，倾斜式自动人行道的倾斜角不应超过12°。

6. 自动扶梯和层间相通的自动人行道单向设置时，应就近布置相配伍的楼梯。

7. 设置自动扶梯或自动人行道所形成的上下层贯通空间，应符合《建筑设计防火规范》（GB 50016）的规定，采取措施满足防火分区等要求。

第四章　建筑的环境性与设计

第一节　建筑与外部环境设计

一、建筑的外部环境

建筑不但需要有一个巍峨、雄伟的外观，还需要有一个幽雅而美丽的环境来进行衬托，并与之协调。除内部环境要求外，建筑的设计与建造还受诸多外部环境条件（例如水文、地质、气候等自然环境条件）的制约，还受外部人工环境的限制（即城市规划和场地及周边条件的限制）等。

建筑设计之初，就应从处理好建筑与外部环境的关系，特别是应从场地的关系着手，对建筑、环境及其相互关系进行设计，将其设计成果主要反映在总平面设计图中。

二、建筑与外部环境设计

建筑与外部环境设计的主要工作，是依据场地的自然环境条件和人工环境条件，在原有地形上，创造性地布置建筑、改造场地等，以满足各种设计要求。

（一）建筑布局设计

建筑布局应处理好建筑物或建筑群与场地环境及周边的关系。主要设计依据有《民用建筑设计统一标准》（GB 50352-2019）《城市居住区规划设计标准》（GB 50180-2018）等。在建筑红线或用地红线内布置建筑物或建筑群，还应遵循以下要点。

1. 功能分区合理

尽量避免主要建筑受到废气、噪声、光线和视线等干扰，使建筑物之间的关系合理、联系方便。

2. 主要建筑的位置合理

主要建筑应布置在较好的地形和地基之处，以减少土方量，降低建造成本，并保障使用安全。建筑选址应避开不利的地段，如市政管线、人防工程或地铁、地质异常（溶洞、采空区、古墓）、污染源、高压线、洪水淹没区、地基承载力较弱处，以及建筑抗震要求避开的地段等。

3. 争取好朝向

好朝向能使建筑内部获得好的采光和通风、好的景观和节能效果，避开有污染等不利因素的上风向。中国的大多数建筑采用南北朝向，这样会有好的日照，南方地区在夏季一般有好的通风，但北方地区在冬季须考虑避风（在中国，淮河流域以及秦岭山脉以北地区，属于北方地区）。

4. 满足各种间距要求

间距要求包括日照间距要求和防火间距要求，各种间距详见图 4-1。建筑布置时，新建建筑与其他建筑，规划红线、用地红线、建筑控制线和道路等的距离，应按照要求留足间距。

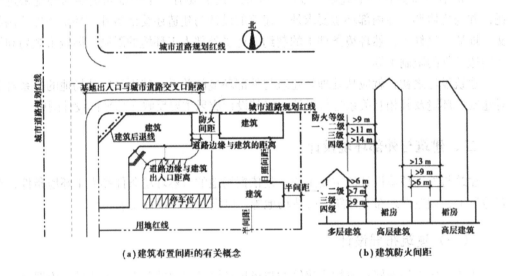

图 4-1 建筑总平面布置应满足的主要间距

（1）日照间距

建筑内部应能获得足够的采光和日照，才有益人的健康并且节省能源。对此，国家标准有明确规定，主要是为保证北侧建筑的南向底层房间，在大寒日或冬至日（一年中最冷或日照时间最短的一天），获得足够的日照时间，而不会被南侧的建筑所遮挡，详见图 4-2 和表 4-1。

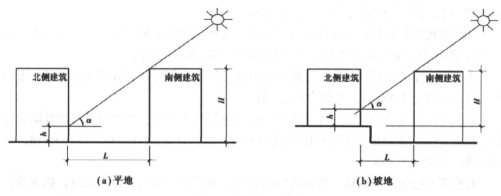

图 4-2　建筑的日照间距

表 4-1　住宅建筑日照标准

建筑气候区划	Ⅰ、Ⅱ、Ⅲ、Ⅶ气候区		Ⅳ气候区		Ⅴ、Ⅵ气候区
	大城市	中小城市	大城市	中小城市	
日照标准日	大寒日			冬至日	
日照时数（h）	≥2		≥3		≥1
有效日照时间带（h）	8~16				9~15
日照时间计算起点	底层窗台面				

日照间距 $L = H - h / \tan \alpha$。式中，H 是南侧的建筑高度，h 是北侧建筑南向窗台高度，α 为项目所在地冬至日的太阳高度角。当地冬至 H 的太阳高度角的简化计算式是 $\alpha = 90° - （当地纬度 + 北回归线纬度 23° 26′）$。

（2）防火间距

①设置建筑之间防火间距的目的是避免建筑发生火灾时危及周边其他建筑，详见表 4-2。

表 4-2　民用建筑之间的防火间距（单位：m）

建筑类别		高层民用建筑	裙房和其他民用建筑		
		一、二级	一、二级	三级	四级
高层民用建筑	一、二级	13	9	11	14
裙房和其他民用建筑	一、二级	9	6	7	9
	三级	11	7	8	10
	四级	14	9	10	12

②相邻两座单、多层建筑，当相邻外墙为不燃性墙体且无外露的可燃性屋檐，每面外墙上无防火保护的门、窗、洞口不正对开设，且该门、窗、洞口的面积之和不大于外墙面

积的 5% 时，其防火间距可按本表的规定减少 25%。

③两座建筑相邻较高一面外墙为防火墙，或高出相邻较低一座一、二级耐火等级建筑的屋面 15 m 及以下范围内的外墙为防火墙时，其防火间距不限。

④相邻两座高度相同的一、二级耐火等级建筑中相邻任一侧外墙为防火墙，屋面板的耐火极限不低于 1.00h 时，其防火间距不限。

⑤相邻两座建筑中较低一座建筑的耐火等级不低于二级，相邻较低一面外墙为防火墙且屋顶无天窗，屋面板的耐火极限不低于 1.00 h 时，其防火间距不应小于 3.5 m；对于高层建筑，不应小于 4 m。

⑥相邻两座建筑中较低一座建筑的耐火等级不低于二级且屋顶无天窗，相邻较高一面外墙高出较低一座建筑的屋面 15 m 及以下范围内的开口部位设置甲级防火门、窗，或设置符合现行国家标准《自动喷水灭火系统设计规范》（GB 50084-2017）规定的防火分隔水幕。《建筑设计防火规范》（GB 50016-2014）规定，设置防火卷帘时，其防火间距不应小于 3.5 m；对于高层建筑，不应小于 4 m。

⑦相邻建筑通过连廊、天桥或底部的建筑物等连接时，其间距不应小于本表的规定。

⑧耐火等级低于四级的既有建筑，其耐火等级可按四级确定。

（3）与用地红线的关系

建筑距离这个红线，不能小于半间距的规定，否则会侵害其他单位的权益。

（4）建筑与高压线的距离

建筑与高压线的距离。按照国务院颁布的《电力设施保护条例》的规定，架空电力线路保护区为导线边线向外侧水平延伸并垂直于地面所形成的两平行面内的区域。在一般地区各级电压导线的边线延伸距离应为：1 ~ 10 kV，5 m；35 ~ 110 kV，10 m；154 ~ 330 kV，15 m；500 kV，20 m。在此范围内不得兴建建筑物、构筑物。

（5）建筑物与周边道路之间的间距

见表 4-3。

表 4-3 道路边缘至建、构筑物最小距离（单位：m）

建、构筑物的类型道路级别			居住区道路	小区路	组团路及宅前小路
建筑物面向道路	无出入口	高层	5	3	2
		多层	3	3	2
	有出入口		—	5	2.5
建筑物山墙面向道路		高层	4	2	1.5
		多层	2	2	1.5
围墙面向道路			1.5	1.5	1.5

（6）建筑退让

有大量人流、车流集散的建筑，以及位于道路交叉口处的建筑等，建筑位置还应由红线后退，设计时应遵循各地主管部门的具体要求。大多城市中的建筑用地，都涉及"三线"问题，即道路红线、用地红线和建筑控制线，见图 4-3。

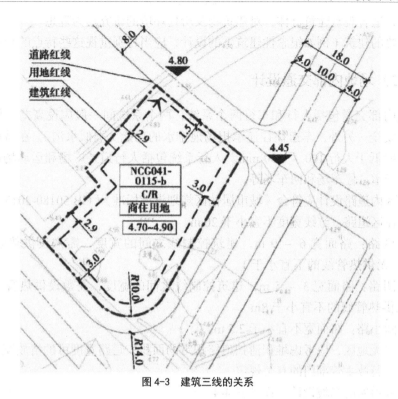

图 4-3　建筑三线的关系

（7）观察建筑的距离与角度

当人观察和欣赏建筑物的视角在 45°、27°、18° 左右时（图 4-4），分别有以下特点：

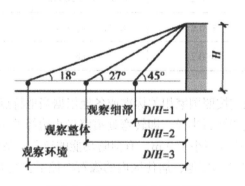

图 4-4　观察建筑的几个典型角度

①建筑物和视点的距离（D）与建筑物高度（H）相等，即 D/H=1，垂直视角在 45°左右。此时为近距离，适合观看建筑物的细部，但不利于观看建筑物的整体，因为易发生变形的错觉。

②建筑物和视点的距离（D）与建筑高度（H）之比 D/H=2，视角在 27° 左右。此时为中距，可以较好地看到建筑物的全貌，是观察建筑物整体的最佳视角。

③建筑物和视点的距离（D）与建筑高度（H）之比 D/H=3，视角在 18° 时左右。此

时为远距，适合观赏建筑群体，对建筑物及所处环境的研究较为理想。

较重要的建筑（例如纪念性建筑）的设计，应当特别重视这些特点的利用。

（二）场地内部交通设计

场地内部交通包括人行和车行两个系统，两个系统间一般应设高差，保证其互不干扰，使用安全。另外，车道往往还承担场地排水的功能（类似水沟），在城市里，整个车行系统一般低于人行 100 ~ 150 mm。人行系统包括人行道、广场和运动场地等；车行系统包括车行道、停车场和回车场等。

居住区内道路设计应符合《城市居住区规划设计标准》（GB 50180-2018）的规定。

1. 居住区道路：红线宽度不宜小于 20 m。

2. 小区路：路面宽 6 ~ 9 m，建筑控制线之间的宽度，需敷设供热管线的不宜小于 14 m；无供热管线的不宜小于 1。

3. 组团路：路面宽 3 ~ 5 m；建筑控制线之间的宽度，需敷设供热管线的不宜小于 10 m；无供热管线的不宜小于 8m。

4. 宅间小路：路面宽不宜小于 2.5 m。

5. 在多无地区，应考虑堆积清扫道路积雪的面积，道路宽度可酌情放宽，但应符合当地城市规划行政主管部门的有关规定。

6. 各种道路的纵坡设计，详见表 4-4。

表 4-4　居住区内道路纵坡控制指标　单位：%

道路类别	最小纵坡	最大纵坡	多雪严寒地区最大纵坡
机动车	≥ 0.2	≤ 8，L ≤ 200 m	≤ 5，L ≤ 600 m
非机动车	≥ 0.2	≤ 3，L ≤ 50 m	≤ 2，L ≤ 100 m
步行道	≥ 0.2	≤ 0.8	≤ 4

7. 停车位的数量也应按照国家相关标准或各地依据当地特点制定的标准执行。

8. 车道转弯必须设置缘石半径，即转弯处道路最小边缘的半径。居住区道路红线转弯半径不得小于 6 m，工业区不小于 9 m，有消防功能的道路，最小转弯半径为 12 m，见图 4-5（a）。为控制车速和节约用地，居住区内的缘石半径不宜过大。

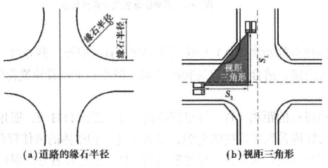

(a) 道路的缘石半径　　　　**(b) 视距三角形**

图 4-5　道路交叉口视距三角形

9. 为保交通安全，道路交叉口还应设置视距三角形，见图 4-5（b）。在视距三角形内不允许有遮挡司机视线的物体存在。

10. 无障碍设计。建筑的内外环境设计要考虑残障人士出行和使用方便，具体要求详见《无障碍设计规范》（GB 50763-2012）。

（三）场地的绿化和景观设计

建筑基地应做绿化、美化环境设计，完善室外环境设施，场地绿化的作用是改善环境，植物可以起到遮挡视线、隔绝噪声、美化环境、保护生态、改良小气候等作用。室外地面硬化部分，在满足使用的前提下应尽可能少占地，其余的地面应多做绿化。各地方对城市或场地绿化的比例都有明确要求。

（四）竖向设计

场地竖向设计主要内容包括。
1. 确定建筑和场地的设计高程。
2. 确定道路走向、控制点的空间位置（平面坐标及高程）和坡度。
3. 确定场地排水方案。
4. 计算挖填方量，力求平衡。
5. 布置挡土墙、护坡和排水沟等。

（五）城市规划的控制线

城市规划对建筑的设计与建造，有较强的约束性，这体现在"城市规划七线"等方面，如表 4-5 所示。

表 4-5 城市规划七线

序号	规划控制线名称	规划控制线的用途	备注
1	红线	道路用地和地块用地界线	建筑及其构件等不许超越
2	绿线	生态、环境保护区域边界线	其范围内不得建设非绿化设施
3	蓝线	河流、水域用地边界线	建筑不得进入其控制范围
4	紫线	历史保护区域边界线	范围内不得随意拆除和新建
5	黑线	电力设施建设控制线	建筑不得进入其控制范围
6	橙线	降低城市中重大危险设施的风险	建筑不得进入其控制范围
7	黄线	城市基础设施用地边界线	建筑不得进入其控制范围

除"城市规划七线"外，还有公共空间控制线、主体建筑控制线等。

第二节 建筑设计与外部环境设计的依据及指标

一、用地有关的常用指标（以居住区为例）

居住区用地平衡控制指标，详见表4-6。

表4-6 居住区用地平衡控制指标（单位:%）

用地构成	居住区	小区	组团
1.住宅用地（R01）	50 ~ 60	55 ~ 65	70 ~ 80
2.公建用地（R02）	15 ~ 25	12 ~ 22	6 ~ 12
3.道路用地（R03）	10 ~ 18	9 ~ 17	7 ~ 15
4.公共绿地（R04）	7.5 ~ 18	5 ~ 15	3 ~ 6
居住区用地（R）	100	100	100

表4-6中的指标叮以初步反映用地状况和环境质量。

1.居住区用地：住宅用地、公建用地、道路用地和公共绿地等四项用地的总称。

2.住宅用地：住宅建筑基底占地及其四周合理间距内的用地（含宅间绿地和宅间小路等）的总称。

3.公建用地：与居住人口规模相对应配建的、为居民服务和使用的各类设施的用地，应包括建筑基底占地及其所属场院、绿地和配建停车场等。

4.道路用地：居住区道路、小区路、组团路及非公建配建的居民汽车地面停放场地。

5.公共绿地：适合于安排游憩活动设施的、供居民共享的集中绿地，包括居住区公园、小游园和组团绿地及其他块状带状绿地等。

二、建筑相关的常用指标

1.总建筑面积：居住建筑面积与功能公共建筑面积之和。

2.居住建筑面积：居住建筑的总建筑面积。

3.公共建筑面积：公共建筑的总建筑面积。

4.地下建筑面积：地下建筑（如地下车库）的总建筑面积。

三、用地范围相关的技术指标

1. 建筑密度。建筑密度是指一定地块内，地上建筑的水平投影总面积占建设用地面积的百分比，其表达公式为：建筑密度 = 建筑投影总面积 ÷ 建设用地面积 ×100%。

2. 容积率。容积率 = 计容建筑面积 ÷ 建设用地面积。

3. 绿地率。居住区用地范围内各类绿地面积的总和，占居住区用地面积的比率（%）。绿地应包括：公共绿地、宅旁绿地、公共服务设施所属绿地和道路绿地（即道路红线内的绿地），其中包括满足当地植树绿化覆土要求、方便居民出入的地下或半地下建筑的屋顶绿地，不应包括屋顶、晒台的人工绿地。

4. 总户数和总人数，常取 3.2 人 / 户。

5. 泊车位。

某居住小区规划主要技术经济指标举例，如表 4-7 所示。

表 4-7 某居住小区规划主要技术经济指标

总用地面积		142 500 m²
总建筑面积		509 734.04 m²
计容积率建筑面积		441 924.24 m²
其中	住宅建筑面积	389 748.22 m²
	架空层面积	10 619.82 m²
	商业建筑面积	34 520.63 m²
	会所建筑面积	3 170.65 m²
	幼儿园建筑面积	35 29.75 m²
	居委会建筑面积	209.02 m²
	垃圾站建筑面积	126.15 m²
不计容积率建筑面积（地下车库）		76 599.57 m²
占地面积		26 505 m²
容积率		3.10%
覆盖率		18.6%
绿地率		38%
总户数		2 801 户
停车位		2 340 个
其中		地上 230 个
		地下 2110 个

第三节　建筑的内部环境

绝大多数建筑建造的终极目的是营造适宜人类活动和有益人类健康的内部空间环境。环境对人的作用过程是：环境质量—人的感官—生理反应—心理感受—意志的产生—行为的变化。因此，好的环境应使人们在生理上感到舒适，在心理上感到满足，从而在意志上乐不思蜀，在行为上流连忘返。建筑内部环境的营造应首先从使人们能够获得良好的官能感受着手，包括营造好的视觉、听觉、嗅觉、触觉甚至味觉感受。

一、视觉效果设计

（一）人的视距和视角

对观看效果要求高的场所，例如剧场、电影院乃至教室等，国家标准有明确规定。

（二）环境的照度

照度是一个物理指标，用来衡量作业面上单位面积获得的光能的多少，单位是 lx，而计量光能多少的单位是 1m，照度就是 $1m/m^2$。作业面是人们从事各种活动时，手和视线汇集的地方，或场所里最需要照明的部位，如教室的课桌面、工厂的操作台面等。

各种场所的作业面高度以及照度，在国家标准《建筑照明设计标准》（GB 50034-2013）中有明确规定。照度由人工照明或天然采光保证，人工照明设计由电气照明工程师负责，而天然采光可以通过建筑设计，控制采光屋面和窗洞口的面积等来实现。

（三）光源的色彩与室内环境氛围

人们用黑体的色温来描述光源的色彩。能把落在它上面的辐射全部吸收的物体称为黑体，黑体加热到不同温度时会发出的不同光色，如果某一光源的颜色与黑体加热到绝对温度 5 000 K（华氏温度，开尔文）时发出的光色相同，该光源的色温就是 5 000 K。在 800 ~ 900 K 时，光色为红色；3 000 K 时为黄白色；5 000 K 左右时呈白色；8000 ~ 10 000 K 时为淡蓝色。光源的色彩与室内环境有着人们习惯的对应关系，见表 4-8。

表4-8　光源色表分组

色表分组	色表特征	相关色温 /K	适用场所举例
Ⅰ	暖	< 3 300	客房、卧室、病房、酒吧、餐厅
Ⅱ	中间	3 300 ～ 5 300	办公室、教室、阅览室、诊室、检验室、机加工车间、仪表装配
Ⅲ	冷	> 5 300	热加工车间、高照度场所

（四）视线干扰

许多室内场所不希望有视线的干扰，以保护个人或单位的隐私或机密，最常见的场所如卧室、卫生间、更衣室、浴室、治疗室等。避免视线干扰的主要手段是设置视线遮挡。空间私密性布置的常用方法如图4-6所示。

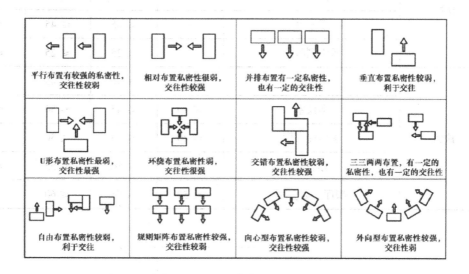

图4-6　考虑个人空间的私密性时，家具布置采用的不同方法

二、听觉效果设计

听觉效果设计的内容，主要是降低和控制环境噪声，以保证足够的音量和改善声音的质量，详见表4-9；声音的质量主要体现在技术指标"混响"声方面，见图4-7。

表 4-9 室内允许噪声级（昼间）

建筑类别	房间名称	允许噪声级（A 声级，dB）			
		特级	一级	二级	三级
住宅	卧室、书房	—	≤ 40	≤ 45	≤ 50
	起居室	—	≤ 45	≤ 50	≤ 50
学校	有特殊安静要求的房间		≤ 40	—	—
	一般教室		—	≤ 50	—
	无特殊安静要求的房间		—	—	≤ 55
医院	病房、医务人员休息室	—	≤ 40	≤ 45	≤ 50
	门诊室	—	≤ 55	≤ 55	≤ 60
	手术室	—	≤ 45	≤ 45	≤ 50
	听力测听室	—	≤ 25	≤ 25	≤ 30
旅馆	客房	≤ 35	≤ 40	≤ 45	≤ 55
	会议室	≤ 40	≤ 45	≤ 50	≤ 50
	多用途大厅	≤ 40	≤ 45	≤ 50	—
	办公室	≤ 45	≤ 50	≤ 55	≤ 55
	餐厅、宴会厅	≤ 50	≤ 55	≤ 60	—

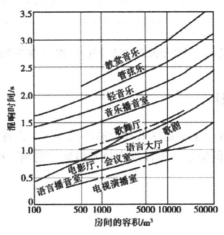

图 4-7　不同用途房间容积与混响的对应关系

室内音质的大体设计步骤如下。

（一）降低环境噪声

降低环境噪声，是指通过隔离噪声源，减少噪声传播，使室内外环境的噪声值达到国家标准《民用建筑隔声设计规范》（GB 50118-2010）和《民用建筑设计统一标准》（GB 50352-2019）的规定。

（二）做好室内的音质设计

室内音质设计必须依一个固定程序，一步接一步地按照顺序完成，具体内容如下。

1. 确定建筑空间的用途。因为用途不同，对音质的要求不同，对混响时间长短的需要就不同。

2. 确定空间合适的形状。这样可以避免声缺陷，使音质不致受损，这些声缺陷主要包括如下内容。

（1）声影：一些区域为障碍物遮挡，造成声音被削弱。

（2）回声：直达声与较强的前次反射声，到达人耳的前后时差超过 50 ms 后形成。

（3）颤动回声：平行界面产生的声波往复反射而形成。

（4）声聚焦：声能被凹曲而反射所产生的聚集现象，见图 4-8。

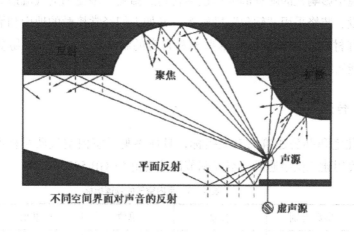

图 4-8　空间界面对声音的反射图

（5）声爬行。声波会沿圆形平面的墙体逐渐反射爬行，最后又到达声源起点，这种现象会使墙体附近的观众感到声源位置难以捉摸，例如，天坛回音壁的声学效果。

3. 确定空间容积。空间容积与混响时间成正比关系。空间容积大小的确定，首先要考虑空间特定的使用功能对最大容积的限制；另外，应根据使用功能，先确定人均容积，再确定建筑空间的容积。

4. 合理布置声学材料。在厅堂内布置装修和吸声材料，不论是自然声还是电声厅堂，舞台（主席台）周围界面都以反射材料（质地密实）为主；舞台正对的墙面，因为易产生回声，所以，以吸声材料或构造为主；两侧墙面及部分吊顶，以扩散和吸声为主。一般的视听空间，可采用 MLS 吸声扩散材料来做墙和吊顶面的装修，以改良室内音质。

5. 确定"理想的频率特性曲线"。

6 利用伊林公式，按照一定程序计算厅堂的满场及空场的频率特性曲线，并与理想的曲线比较。根据结果对设计做调整，直至满足要求。

（三）原声厅堂与电声厅堂的声学设计差别

原声厅堂的室内声学设计，必须按照室内音质设计的步骤，确定空间形状，限定空间容积，布置各种材料，最终满足理想频率特性曲线的混响和其他音质要求。重要的电声厅堂也应照此程序先处理好室内音质，再配备合适的电声设备。

室内听觉效果的营造，是以建筑声学理论为指导，以现代技术手段为支撑的。

三、触觉效果设计

（一）有关因素

室内环境中影响人的触觉的因素包括材料、温度、湿度和空气流速等，常见的材料运用有地毯铺设、装修采用"软包"措施等。又如人们经常接触的地面和墙面，应采用蓄热系数高的装修材料（如木材等），这些材料自身的温度变化缓慢，不易受外界温度急剧变化的影响，能始终让人感到舒适。

（二）有关指标

适用于住宅和办公建筑的有关指标，具体参见《室内空气质量标准》（GB/T 18883-2002）易《民用建筑供暖通风与空气调节设计规范》（GB 50736-2012），见表4-10。

表4-10　室内空气的物理指标

序号	参数类别	参数	单位	标准值	备注
1	物理性	温度	℃	22 ~ 28	夏季空调
				16 ~ 24	冬季采暖
2		相对湿度	%	40 ~ 80	夏季空调
				30 ~ 60	冬季采暖
3		空气流速	m/ s	0.3	夏季空调
				0.2	冬季采暖
4		新风量	m³/ (h•p)	30	

四、室内环境与人的心理

（一）空间尺度与人的心理感受

人类具备在身处各种环境时，进行自我保护和防止干扰的本能，对于不同的活动场所，有生理范围、心理范围和领域的需求，体现为必需的人际距离。设计中对空间尺度的把握，应关注这种距离的需求。表 4-11 列出了常见的人际距离。

表 4-11　人际距离与行为特征

名称	距离	表现
亲密距离 （0 ~ 45 cm）	接近相（0 ~ 15 cm）	是一种表达温柔、亲密或激愤等感情的距离，常见于家庭居室和私密空间
	远方相（15 ~ 45 cm）	人与人之间可接触握手
个体距离 （0.45 ~ 1.3 m）	接近相（0.45 ~ 0.75 m）	是亲近朋友和家庭成员之间谈话的距离，仍可与对方接触，例如家庭的餐桌上
	远方相（0.75 ~ 1.3 m）	可以清楚地看到细微表情的交谈
社会距离 （1.3 ~ 3.75 m）	接近相（1.3 ~ 2.1 m）	同事、朋友、熟人、邻居等之间日常交谈的距离
	远方相（2.1 ~ 3.75 m）	交往不密切的距离，例如，旅馆大堂休息处、小型会客室、洽谈室等处常见这样的人际距离
公众距离 （> 3.75 m）	接近相（3.75 ~ 7.50 m）	常见于自然语言的讲课，以及演讲、正规的接待场所
	远方相（> 7.50 m）	需借助扩音器的讲演，例如大型会议室等处所
注：接近相是指在范围内有近距趋势；远方相是指相对的远距趋势		

（二）私密性与尽端区域

私密性是人的本能，也反映在人与人或人与群体之间必须维持的空间距离，如银行的取款一米线等设计，都是考虑了满足这种需求。为了保护自身的私密性，人在公众空间中总会趋向尽端区域，就是空间中人流较少且安全有一定依托的处所，如室内靠墙的座位、靠边的区域等。另外，人在参观、就餐或工作时，也会经常体现出尽端趋向，餐厅内设立厢座，就是为创造更多的尽端区域，以顺应这种趋向。

（三）安全感与依托

人在环境中的安全感往往来源于依托，依托是安全感存在的基础。在公共空间中，人们往往会寻找有依托的、安全性高的区域。室内的依托主要表现为构架、柱、实体或稳定的壁面等。安全感是人在社会中的一种心理需求，如人在办公室中常会选择靠近实体墙壁的一面为主要的办公座位，这样会感觉到安全。

（四）从众与趋光心理

从众心理是人在心理上的一种归属需求的表现，当突发事件给人群带来不安时，人们会盲目地选择跟随人流行动，就是明显的例子。

在黑暗中，人具有选择光明的趋向，因为光给人带来了希望和安全感，因此，环境中光的指向作用尤为重要。如建筑内部的紧急出口处都设置灯光来指示人流。

（五）色彩与人的心理感受

环境的色彩会对人的心理产生影响。例如，暖色调（红色、橙色、黄色、赭色等）色彩的搭配，会使人感到温馨、和煦、热情等，因此，常施用于餐厅一类的公共场所；冷色调（青色、绿色、紫色等）色彩的搭配，使人感到宁静、清凉、冷静等，常用于办公或研究场所。

（六）不同触觉对心理的影响

研究发现，柔软舒适的触觉会让人感到愉悦；触摸到硬物时，人们普遍会产生稳定和严厉等感觉；粗糙的物体会使人联想到困难，光滑的物体表面会让人心情放松；而手持重物则使人感觉周围的环境似乎也变得沉重起来。

第四节　建筑环境的卫生与环保

一、室内空气质量

新鲜空气除有益健康外，还让人的嗅觉舒适，从而影响心情。为保持室内空气的清新、减少有害物质，国家标准以"换气量"这个指标来做出规定。室内环境应有足够的自然通风或机械送风，满足室内每人每小时换气量（新风量）不低于 30 m^3。换气量的要求直接对建筑门窗的设计有影响，具体详见《室内空气质量标准》（GB/T 18883-2002）和《民用建筑供暖通风与空气调节设计规范》（GB 50736-2012）。

二、燥光污染

视觉环境中的燥光污染，一是室外视环境污染，如建筑物外墙的反射；二是室内视环境污染，如室内装修、室内不良的光色环境等；三是局部视环境污染，如纸张、某些工业产品等。

由于建筑和室内装修中采用的镜面、瓷砖和白粉墙日益增多，近距离读写使用的书簿纸张越来越光滑，当代人实际上把自己置身于一个"强光弱色"的"人造视环境"中。

据测定，一般白粉墙的光反射系数为 69%～80%，镜面玻璃的光反射系数为 82%～88%，特别光滑的粉墙和洁白的书簿纸张的光反射系数高达 90%，比草地、森林或毛面装饰物面高 10 倍左右，大大超过了人体所能承受的生理适应范围，构成了新的污染源。燥光污染会对人眼的角膜和虹膜造成伤害，抑制视网膜感光细胞功能的发挥，引起视疲劳和视力下降。

三、病菌与病毒防范

人群聚集的场所，设计时应关注流行病的防范，注意公共卫生。设计餐馆、医院等洁净度要求高的公共场所时，更要使室内环境利于防止病毒滋生与传播，例如，室内要有充分的日照，空间界面设计要易于清洁、不留死角等。其他场所也应考虑和解决类似问题，例如，对于歌舞厅等娱乐场所，主管部门就要求必须安装足够多的紫外杀菌灯，在非营业时间照射足够多的时间，设计时应严格遵循。

四、有害物质控制

由于建筑材料与装修材料的选材不当或通风不好等原因，室内易积聚的有害物质有甲醛、氨、苯及苯系物质、氡、总发挥性有机物（TVOC），有害射线（与石材有关）等，过量时会使人致病甚至致癌。建筑设计和内部装修设计要依据国家有关标准，严格控制其含量不会超标。20 世纪 90 年代，材料科学家提出了"生态环境材料"的理念。生态环境材料大致分为两类：一类是保健型生态环境材料，具有空气净化、抗菌、防霉功能和电化学效应、红外辐射效应、超声和电场效应以及负离子效应等功能；另一类是环保型生态环境材料，对居住环境空气、温度、湿度、电磁生态环境具有保护和改善效果。

五、环境电磁污染

电磁辐射污染被国际上公认为第五害，它一方面影响人体健康和安全，另一方面也对各种电子仪器、设备形成电磁干扰。过量的电磁辐射会引起人的生理功能紊乱，出现烦躁、头晕、疲劳、失眠、记忆力减退、脱发、植物神经紊乱等生理现象，严重的甚至会致癌、致畸、致突变。电磁辐射对生活环境和工作环境的影响也很大，会干扰广播、电视、通信设备、工业、交通、军事、科技、医用电子仪器和设备的工作，造成信息失误、控制失灵、对通信产生干扰和破坏、造成泄密等，甚至酿成重大事故。环境电磁场，特别是生产工艺过程中的静电场，可能引起放电，爆炸和火灾，对生产和人身安全有很大的威胁。对此，设计应采取对应的措施，如电磁屏蔽、电磁波吸收与引导、采用电磁生态环境材料等手段来应对。

第五节 建筑的安全性

建筑的安全性体现在场地安全、建筑防灾（如防火和防震）、结构安全、设备安全和使用安全等方面。

一、建筑防火设计

建筑内部人员和电气设备多，可燃物也不少，容易引发火灾造成生命财产损失。任何一幢或一群建筑物设计，都要满足国家有关防火设计规范的要求，包括《建筑设计防火规范》（GB50016-2014）和《建筑内部装修设计防火规范》（GB 50222-2017）。

二、建筑安全疏散

安全疏散设计的目的是保证在各种紧急情况，例如，火灾或地震时，建筑内部的人员能够快速转移到建筑外面去。

安全疏散设计应使安全出口（含疏散楼梯间、房间门和建筑通往外面的门）的数量、大小和位置，以及安全疏散通道大小和疏散距离的设计，应满足国家标准要求。

（一）公共建筑安全疏散设计

1. 安全口数量

公共建筑内每个防火分区或一个防火分区的每个楼层，安全出口的数量应经计算确定，且不少于两个。两个安全口之间的净距离不应小于 5 m，否则只算作一个。

公共建筑内的房间，除一些特殊条件外，应经过计算并设两个安全出口或者更多。

2. 疏散楼梯的数量

按照疏散要求，建筑应经计算设置两个或更多的楼梯，仅少数特殊情况可以只设一个楼梯。

3. 与安全疏散有关的楼梯间类型

与疏散有关的楼梯间，分为三种形式，即开敞式楼梯间、封闭式楼梯间和防烟楼梯间。

（1）开敞式楼梯间一般用于低层和多层建筑，见图 4-9。

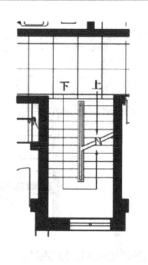

图 4-9　开敞式楼梯间

（2）封闭式楼梯间，是用耐火建筑构件分隔，以乙级防火门隔开楼梯间和公共走道，能够自然采光和自然通风，能防止烟和热气进入的楼梯间，见图 4-10。封闭楼梯间的门应向疏散方向开启。

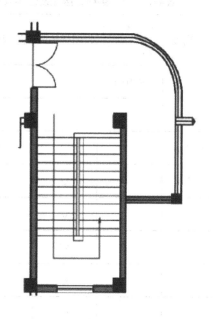

图 4-10　封闭式楼梯间

（3）防烟楼梯间，是指在楼梯间入口处设有防烟前室，开敞式阳台或凹廊（统称前室）等设施，且通向前室和楼梯间的门均为防火门，以防止火灾的烟和热气进入的楼梯间，见图 4-11。

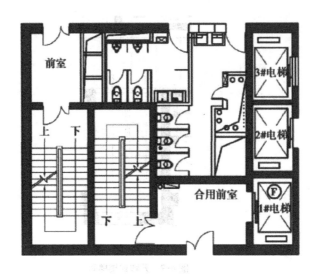

图 4-11 防烟楼梯间

这三种楼梯间有各自的适用范围，见表4-12。

表 4-12 疏散楼梯间的类型及适用范围

建筑类型	建筑高度	任何疏散门到楼梯间	封闭楼梯间	防烟楼梯间	可采用防烟剪刀楼梯间
高层公共建筑		≤ 10 m			√
一类高层公共建筑	≥ 27 m			√	塔式高层，有前室
二类高层公共建筑	≥ 32 m			√	塔式高层，有前室
裙房或二类高层	≯ 32 m		√		塔式高层，有前室
多层医疗建筑			√		普通
多层旅馆建筑			√		普通
多层公寓建筑			√		普通
多层老人建筑			√		普通
多层商店			√		普通
多层展览建筑			√		普通
多层会议中心及类似建筑			√		普通
六层及以上其他多层建筑			√		普通

4.安全疏散距离

设计应使三个主要的疏散距离满足国家标准的要求，即房间内部任何一点到房间门的距离，房间门到楼梯间或建筑外部出口之间的距离，底层楼梯间门至建筑外部出口的距离，见图4-12。设计参数详见表4-13。

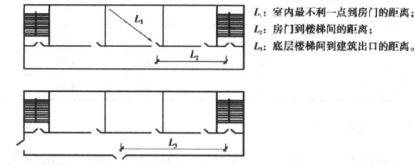

L_1：室内最不利一点到房门的距离；
L_2：房门到楼梯间的距离；
L_3：底层楼梯间到建筑出口的距离。

图4-12　疏散距离示意图

表4-13　直通疏散走道的房间疏散门至最近安全出口的直线距离（单位：m）

名称			位于两个安全出口之间的疏散门			位于袋形走道两侧或尽端的疏散门		
			一、二级	三级	四级	一、二级	三级	四级
托儿所、幼儿园、老年人建筑			25	20	15	20	15	10
歌舞娱乐放映游艺场所			25	20	15	9	—	—
医疗建筑	单、多层		35	30	25	20	15	10
	高层	病房部分	24	—	—	12	1	
		其他部分	30	—	—	15		1
教学建筑	单、多层		35	30	25	22	20	10
	高层		30	—	—	15		
高层旅馆、公寓、展览建筑			30			15		
其他建筑	单、多层		40	35	25	22	20	15
	高层		40	—	—	20	—	—

注：1. 建筑内开向敞开式外廊的房间疏散门至最近安全出口的直线距离可按本表的规定增加5 m。

2. 直通疏散走道的房间疏散门至最近敞开楼梯间的直线距离，当房间位于两个楼梯间之间时，应按本表的规定减少5 m；当房间位于袋形走道两侧或尽端时，应按本表的规定减少2 m。

3. 建筑物内全部设置自动喷水灭火系统时，其安全疏散距离可按本表的规定增加25%。

5. 疏散门和安全口宽度

除特殊规定外，公共建筑内疏散门和安全口的净宽度不应小于 0.9 m，疏散走道和疏散楼梯的净宽度不应小于 1.1 m。其他要求详见表 4-14。

表 4-14　高层公共建筑内楼梯间的首层疏散门、首层疏散外门、疏散走道和疏散楼梯的最小净宽度（单位：m）

建筑类别	楼梯间的首层疏散门	走	道	疏散楼梯
	首层疏散外门	单面布房	双面布房	
高层医疗建筑	1.30	1.40	1.50	1.30
其他高层公共建筑	1.20	130	1.40	1.20

6. 人数众多场所的"百人指标"

人数众多的场所，其疏散口的要求有一个"百人指标"。例如，国家标准规定：剧场、电影院、礼堂、体育馆等出疏散走道、疏散楼梯、疏散门、安全出口的各自总净宽度，应符合下列规定。

（1）众厅内疏散走道的净宽度应按每 100 人不小于 0.60 m 计算，且不应小于 1.00 m；边走道的净宽度不宜小于 0.80 m。

（2）剧场、电影院、礼堂等场所供观众疏散的所有内门、外门、楼梯和走道的各自总净宽度，应根据疏散人数按每 100 人的最小疏散净宽度不小于表 4-15 的规定计算确定。

表 4-15　剧场、电影院、礼堂等场所每 100 人所需最小疏散净宽度（单位：m/ 百人）

观众厅座位数 / 座			≤ 2500	≤ 1200
耐火等级			一、二级	三级
疏散部位	门和走道	平坡地面阶梯地面	0.65 0.75	0.85 1.00
	楼梯		0.75	1.00

（3）体育馆供观众疏散的所有内门、外门、楼梯和走道的各自总净宽度，应根据疏散人数按每 100 人的最小疏散净宽度不小于表 4-16 的规定计算确定。

表 4-16　体育馆每 100 人所需最小疏散净宽度（单位 :m / 百人）

观众厅座位数范围 / 座		3 000 ~ 5 000	5 001 ~ 10 000	10 001 ~ 20 000
疏散部位	门和走道 平坡地面	0.43	0.37	0.32
	阶梯地面	0.50	0.43	0.37
	楼梯	0.50	0.43	0.37

注：1. 表中对应较大座位数范围按规定计算的疏散总净宽度，不应小于对应相邻较小座位数范围按其最多座位数计算的疏散总净宽度。对于观众厅座位数少于 3 000 个的体育馆，计算供观众疏散的所有内门、外门、楼梯和走道的各自总净宽度时，每 100 人的最小疏散净宽度不应小于表 4-15 的规定。

2. 有候场需要的入场门不应作为观众厅的疏散门。

（二）居住建筑安全疏散设计

1. 安全口数量

住宅建筑的安全口数量要求，见表4-17。

表4-17　住宅的安全出口数量

建筑高度 / m	单元每层建筑面积 / m²	户门至最近安全出口距离 / m	安全出口数量 / 单元每层
≤ 27	> 650	> 15	≤ 2
> 27，且 ≤ 54	> 650	> 10	≤ 2
> 54	—	—	≤ 2
> 27，且 ≤ 54	—	—	可通过屋面到其他单元，2 个

2. 住宅疏散楼梯的设置要求

不同的住宅类型，应按照国家标准的规定设置相应的楼梯，见表4-18。

表4-18　住宅楼梯采用形式

住宅建筑高度 / m	可采用楼梯类型
H ≤ 21	开敞式楼梯间
21 < H ≤ 33	封闭式楼梯间
H > 33	防烟楼梯间

注：1. 分散楼梯设置确有困难，且任一户门至最近疏散楼梯间入口距离不大于 10m 时，可采用剪刀楼梯间。
2. 防烟楼梯间最安全，任何建筑选择防烟楼梯间都没问题，剪刀楼梯间属于防烟楼梯间的特殊形式。
3. 表中为最低要求，是最经济的做法。

3. 住宅的安全疏散距离

住宅直通疏散走道的户门至最近安全出口的直线距离不应大于表4-19的规定。

表4-19　住宅建筑直通疏散走道的户门至最近安全出口的直线距离（单位：m）

住宅建筑类别	位于两个安全出口之间的户门			位于袋形走道两侧或尽端的户门		
	一、二级	三级	四级	一、二级	三级	四级
单、多层	40	35	25	22	20	15
高层	40	—	—	20	—	—

注：1. 开向敞开式外廊的户门至最近安全出口的最大直线距离可按本表的规定增加 5 m。
2. 直通疏散走道的户门至最近敞开楼梯间的直线距离，当户门位于两个楼梯间之间时，应按本表的规定减少 5 m；当户门位于袋形走道两侧或尽端时，应按本表的规定减少 2 m。
3. 住宅建筑内全部设置自动喷水灭火系统时，其安全疏散距离可按本表规定增加 25%。
4. 跃廊式住宅的户门至最近安全出口的距离，应从户门算起，小楼梯的一段距离可按其水平投影长度的 1.50 倍计算。

4. 疏散门和安全口宽度

住宅建筑的户门、安全出口、疏散走道和疏散楼梯的各自总净宽度应经计算确定，且户门和安全出口的净宽度不应小于 0.90 m，疏散走道、疏散楼梯和首层疏散外门的净宽度不应小于 1.10 m。

建筑高度不大于 18 m 的住宅中一边设置栏杆的疏散楼梯，其净宽度不应小于 1.0 m。

三、建筑防震

（一）基本概念

地震主要是因为地球板块运动突变时，在板块边缘或地质断层某一点释放超常能量造成的，这一点称为震源，其在地面的投影点称为震中，见图 4-13。其他因素也会诱发或造成地震，例如地陷或核爆等。

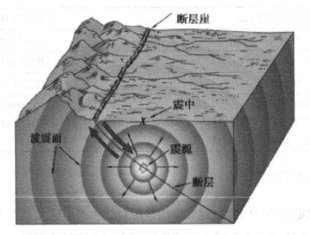

图 4-13 地震有关概念示意图

（二）地震的震级

震级是衡量地震释放能量大小的尺度。同国际上一样，中国用里氏震级做标准，共12 级。每一级之间大小相差约 31.6 倍。假设一级地震是 1，则二级是一级的约 31.6 倍，三级就是一级的约 1000 倍，以此类推。

（三）地震的烈度

烈度是衡量地震发生时所造成破坏程度的尺度。地震的破坏程度与地震震级的大小成正比，与某地至震中的距离以及震源至震中的距离成反比。烈度共分为 12 度，其中 1 ~ 5

度是"无感至有感"；6 度是"有轻微损坏"；7 ~ 10 度为"破坏性"；11 度及其以上是"毁灭性"。

（四）地震烈度区划图

地震烈度区划图是按照长时期内各地可能遭受的地震危险程度对国土进行划分的，是建筑工程抗震设计的重要依据之一。

（五）抗震设防目标

中国现阶段房屋建筑采用三个水准的抗震设防目标。

第一目标，"小震不坏"，指当遭受低于本地区地震基本震级与烈度的多遇地震影响时，建筑一般不受损坏或不修理可继续使用。

第二目标，"中震可修"，指当遭受相当于本地区地震基本震级与烈度的地震影响时，建筑可能损坏，但经一般修理或不需修理仍可继续使用。

第三目标，"大震不倒"，指当遭受高于本地区抗震设防震级与烈度预估的罕遇地震时，建筑不致倒塌或发生危及生命的严重破坏。

（六）建筑选址

地震设防地区的建筑选址，应避开不利的地形和地段，如软弱场地土，易液化土，易发生滑坡、崩塌、地陷、泥石流的地段，以及断裂带、地表错位等地段；并避开其他易受地震次生灾害（如污染、火灾、海啸等）波及的地方。

（七）建筑结构选型

地震设防地区的建筑，其平面和立面布置宜规整，剖面不宜错层，并减少大悬挑和楼板开洞。在中国，地震烈度在 6 度及以上地区，建筑设计要考虑防震。

四、建筑结构安全

建筑工程设计时，要把握好结构设计使用年限（表 4-20）和建筑结构的安全等级（表 4-21）。

表 4-20　建筑结构与使用年限之间的关系

类别	使用年限	示例
1	5	临时性结构
2	25	易于替换的结构构件
3	50	普通房屋和构筑物
4	100	纪念性建筑和特别重要的建筑结构

表 4-21　建筑结构的安全等级

安全等级	破坏后果	建筑物类型
一级	很严重	重要的房屋
二级	严重	一般的房屋
三级	不严重	次要的房屋

第五章　建筑的艺术性与设计

第一节　形式美法则

经过长期探索，人们摸索出一些基本的形式美创作的规律，作为建筑艺术创作所遵循的准则，沿用至今（虽然建筑美学的内涵在今天已经更为丰富），这些法则包括如下内容。

一、变化与统一

变化与统一是指作品的内涵和变化虽极为丰富，但不显杂乱，特点和艺术效果突出。反映在设计上，有如下一些类型。

1.色彩的变化统一，如俄罗斯红场的伯拉仁内教堂，见图5-1。

图5-1　伯拉仁内教堂图

2.几何形的变化统一。

3.造型风格的变化统一，如黄鹤楼，见图5-2。

图 5-2　黄鹤楼

4. 建筑形体与细部尺度的变化统一。

5. 材料的变化统一。

二、对比与协调

对比是将对立的要素联系在一起，协调是要求它们产生对比效果而非矛盾与混乱。设计会追求协调的效果，将所有的设计要素结合在一起去创造协调，但缺少对比的协调易流于平庸。对比与协调手法的要点是同时采用相互对立的要素，使其各自的特点通过对比相得益彰，但在量上必须分清主次，一般是占主导地位的要素提供背景，来衬托和突出分量少的要素。

1. 色彩对比。

2. 材料质地对比，如天然的材料与人造材料对比，光洁与粗糙、软与硬的对比等。

3. 造型风格对比，如曲直对比、虚实对比、简繁对比、几何形与随意形的对比等。

三、对称

设计对象在造型或布局上有一对称轴，轴两边的造型是一致的。对称的形象给人稳定、完美、严肃的感觉，但易显得呆板。重要建筑、纪念性建筑或建筑群的设计常用对称的形式，见图 5-3 和图 5-4。

图 5-3　太和殿的对称立面图

图 5-4　巴黎圣母院的对称立面

四、均衡

均衡是不对称的平衡，均衡使设计对象显得稳定，又不失生动活泼，见图 5-5。

图5-5 巴西利亚议会大厦的均衡造型图

均衡主要是指建筑物各部分前后左右的轻重关系，使其组合起来可给人以视觉均衡和安定、平稳的感觉；稳定是指建筑整体上下之间的轻重关系，给人以安全可靠、坚如磐石的效果。要达到建筑形体组合的均衡与稳定，应考虑并处理好各建筑造型要素给人的轻重感。一般来说，墙、柱等实体部分感觉上要重一些，门、窗、敞廊等空虚部分感觉要轻一些；材料粗糙的感觉要重一些，材料光滑的感觉要轻一些；色暗而深的感觉上要重一些，色明而浅的感觉要轻一些。此外，经过装饰或线条分割后的实体相比没有处理的实体，在轻重感上也有很大的区别。

五、比例

比例是研究局部与整体之间在大小和数量上的协调关系。比是指两个相似事物的量的比较，而比例是指两个比的相等关系（如黄金比），见图5-6。

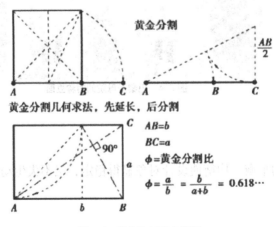

图5-6 黄金比与黄金分割

　　比例还能决定建筑物、建筑块体的艺术性格。如一个高而窄的窗与一个扁而长的窗，虽然二者的面积相同，但由于长与宽的比例不同，使其艺术性格迥异，高而窄的窗神秘、崇高，扁而长的窗开阔、平和。

　　建筑比例的选择应注意使各部分体形各得其所、主次分明，局部要衬托与突出主体，各部分形体要协调配合，形成有机的整体。正确的做法是主体、次体、陪衬体、附属体等应各有相适应的比例，该壮则壮、该柔则柔、该高则高、该低则低、该挺则挺、该缩则缩。这是在运用比例时如何取得协调统一应注意的原则。建筑比例的选择，还应与使用功能相结合，应当在使用功能与美的比例之间寻找到恰当的结合点。如门的比例与形状，要根据用途来设计。如果是一队武士骑马出征，又或是他们凯旋时，门道就必须宽敞而高大，足以让长矛和旗帜通过，因此，法国巴黎凯旋门（图5-7）就建造得高大壮观。而人们日常居所的门，则需选取适于人出入并与居室相配的比例和尺度，不能建得过于宽大，而应追求适度与和谐之美。

图 5-7　法国巴黎凯旋门

六、尺度

　　尺度这一法则要求建筑应在大小上给人真实的感觉。大尺度给人的感染力更强，但其大小要通过尺子才能衡量，人们常用较熟悉的门窗和台阶等作为尺子去衡量未知大小的建筑，如果改变这些尺寸的大小，会同时改变人对建筑大小的正确认识。例如，同样面积的外墙，左图看上去是一幢大的建筑，而右边却显现为一幢小建筑，虽然两墙的面积大小一样（图5-8）。这一法则同时要求建筑的空间和构件等，其大小尺度应符合使用者。例如，在幼儿园里，无论什么尺度都应较成人的更小，才能适于儿童使用。

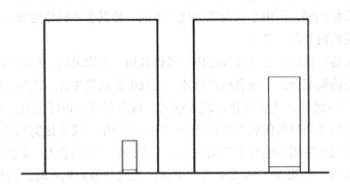

图 5-8 以"门"作为尺子获得的不同尺度感

大的尺度使建筑显得宏伟壮观，多用于纪念性建筑和重要建筑；小的以及人们熟悉的尺度用于建筑，会让人感到亲切。风景区的建筑也当采用小体量和小尺度，争取不煞风景，不去本末倒置地突出建筑。

尺度在整体上表现人与建筑的关系，建筑可分为三种基本尺度，分别为自然的尺度、亲切的尺度、超人的尺度。

自然的尺度是一种能够契合人的一定生理与心理需要的尺度，如一般的住宅、厂房、商店等建筑的尺度。它注重满足人生理性、实用性的功能要求，有利于人的生活和生产活动。具有这种尺度的建筑形式，给人的审美感受是自然平和。例如，中国传统建筑的基本形式院落住宅就体现出了"便于生活"的自然尺度。从庭院住宅的设计理念上看，首先考虑的是适合人居的实用功能。所以，庭院住宅在尺度与结构上都保持着与人适度的比例，就连门、窗等细小部件，也总是与人体保持着适形、适宜的尺寸。置身于这种宁静温馨的庭院住宅中，会给人以舒适、平和之感。

亲切的尺度是一种在满足人的某种实用功能的同时，更多地具有审美意义的尺度。通常这类建筑内部空间比较紧凑，向人展示出比它实际尺寸更小的尺度感，给人以亲切、宜人的感觉。这是剧院、餐厅、图书馆等娱乐、服务性建筑喜欢使用的尺度。如一个剧院的乐池，在不损害实用性功能的前提下，可以设计得比实际需要的尺寸略小些。这样，可增加观众与演出人员之间的亲切感，使舞台、乐池与观众席之间的情感联系更为紧密。

超人的尺度即夸张的尺度。这种尺度常用在三类建筑上，即纪念性建筑、宗教性建筑、官方建筑。建筑物向人展示出超常的庞大，使人面对它或置身其中的时候，感到一种超越自身的、外在的庞大力量的存在。在一些纪念性建筑上，人们往往试图通过超人尺度的建构，使建筑的内外部空间形象显得尽可能高大，以示崇高，并达到震撼的效果。

总之，自然的尺度意味着建筑形式平易近人，偏于实用性和理智性；亲切的尺度更注重建筑的形式美，其特点是温馨可亲；超人的尺度突出了建筑的壮美或狞厉，能使人产生崇高感或敬畏感。所以，不同的建筑尺度，能给人以不同的精神影响。

建筑物的美离不开适宜尺度，而"人是万物的尺度"，以人的尺度来设计和营造始终是建筑的母题。建筑艺术中的尺度又是倾注了人的情感色彩的主观尺度，它已不是单纯的几何学或物理学中那种用数字直接显示的客观尺度。也就是说，人必须与建筑物发生联系，并把自己的情感投射到建筑物上去，建筑美的尺度才能形成。所以，建筑美的尺度包含着两方面属性，既有客观的物理的量，又有主观的审美感受。

七、节奏

节奏是机械地重复某些元素，产生动感和秩序感，常用来组织建筑体量或构件（如阳台、柱子等），见图 5-9 和图 5-10。

图 5-9 威尼斯总督府立面的节奏

图 5-10 美国杜勒斯机场候机楼

八、韵律

韵律是一种既变化又重复的现象，饱含动感和韵味，见图 5-11。

图 5-11　穿斗式建筑群

第二节　常用的一些建筑艺术创作手法

一、仿生或模仿

仿生是模拟动植物或其他生命形态来塑造建筑，模仿是通过仿制的方法来塑造建筑，见图 5-12。

图 5-12　仿生

二、造型的加法和减法

可通过"加法"与"减法"来创造建筑形态。"加法"是设计时对建筑体量和空间采取逐步叠加和扩展的方法，如图5-13的虚线部分；而减法是对已大体确定的体量或空间，在设计时逐步进行删减和收缩的方法。两种方法同时使用，可使建筑形式产生无穷的变化。

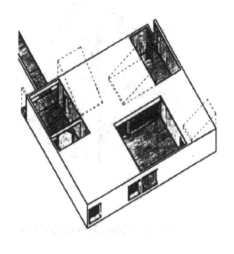

图5-13　"加法"与"减法"示意

三、母题重复

母题重复的特点是将某种元素或特征反复运用，不断变化，不停地强调，直至产生强烈的特征，见图5-14。这些元素可大可小，还可以是片段等，变化丰富而又效果统一。

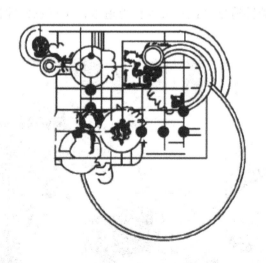

图5-14　以圆形作为母题

四、基于网格或模数的统一变化

基于网格或模数的统一变化，是借助单一的元素，通过多样组合产生丰富变化，同时又保持其特性，见图5-15。这个方法与母题重复不一样，其特点是重复时元素的大小不变。

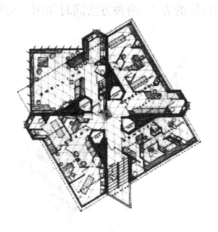

图5-15 三角形或平行四边形网格

五、错位

在建筑造型、建筑表面或在人对建筑认知习惯上的错位，会给人新奇的印象。

六、象征和寓意

象征就是用具体的事物表达抽象的内容，例如，柏林犹太人纪念馆和美国的越战纪念碑，见图5-16和图5-17。而寓意是指寄托或隐含某些意义于建筑，例如南京中山陵，其总平面图设计用警钟造型来提示某种精神追求，又寓意警钟长鸣，应革命不止，见图5-18。

图5-16 柏林犹太人纪念馆

图 5-17 美国的越战纪念碑

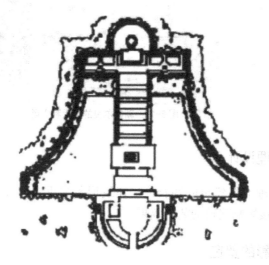

图 5-18 中山陵设计平面

七、缺损与随意

这种手法打开了人们的想象空间，激发了人们欲将其回归完美的冲动，使作品有了更丰富的内涵。

八、扭曲与变形

这种手法带有夸张的成分，是设计师对建筑造型另辟蹊径的尝试，它拓展了人们对建筑艺术新的认知。

九、分解重组

例如，美国新奥尔良的意大利广场，将典型的古罗马建筑的元素提取出来，作为符号组装进现代建筑之中，形成既传统又现代的风格，见图 5-19。再如法国拉维莱特公园的设计，先将公园的功能分解为点（公园附属的配套设施）、线（各种交通线）和面（如水面，硬化地面和绿化地面等）的独立系统，分别进行理想化的、追求完美的设计。随后将三个系统叠加组合起来，使之产生偶然或矛盾冲突的非理性效果。对于公园里的 50 个配套设施建筑——"点"，也是将简单几种造型分解后，再重新组合，使用不多的构件类型，就能组合变化出万千建筑造型。

图 5-19 新奥尔良的意大利广场

十、表面肌理设计

建筑的表面肌理类似建筑的外衣，是建筑形象的重要组成要素，肌理塑造的优劣与否、新颖与否，直接影响建筑的艺术效果。

十一、对光影的塑造

光照以及阴影，能使建筑内部空间和外立面产生特殊的氛围和效果，这些效果是设计师刻意去塑造、去追求的。

十二、渐变

渐变是指建筑的某些基本形或元素逐渐地变化，甚至从一个极端微妙地过渡到另一个极端。渐变的形式给人很强的节奏感和审美情趣。

第三节 建筑艺术语言的应用

建筑艺术是运用一定的物质材料和技术手段，根据物质材料的性能和规律，并按照一定的美学原则去造型，创造出既适宜于居住和活动，又具有一定观赏性的空间环境的艺术。也可以说，建筑是人类建造的，供人进行生产活动、精神活动、生活休息等的空间场所或实体。

建筑艺术是实用与审美、技术与艺术的统一，即一种协调实用目的和审美目的的人造空间，是一种活的、富有生机的意义空间。

建筑是一种造型艺术，所以它有着"面"和"体"（体形和体量）的形式处理这样的艺术语言；它又与同属造型艺术的绘画、雕塑不同，具有中空的空间（或在室内，或在许多单体围合成的室外），所以又拥有空间构图的艺术语言；人们欣赏建筑是一个动态的历时性过程，因此，建筑又有时间艺术的特性，拥有群体组合（多座建筑的组合或一座建筑内部各部分的组合）的艺术语言；建筑又可以结合其他艺术形式，如壁画、雕塑、陈设、山水、植物配置甚至文学，共同组成环境艺术，所以又拥有环境艺术的语言。正是建筑艺术的诸多语言要素，共同构成了建筑艺术的造型美。

一、体形与体量

建筑是由基本块体构成体形的，而各种不同块体具有不同性格。如圆柱体由于高度不同便具有了不同的性格特征：高瘦圆柱体向上、纤细高圆柱体挺拔，雄壮；矮圆柱体稳定、结实。卧式立方体的性格特征主要是由长度决定的。正方体刚劲、端庄；长方体稳定、平和。又如立三角有安定感，倒三角有倾危感，三角形顶端转向侧面则有前进感，高而窄的形体有险峻感，宽而平的形体则有平稳感。高明的建筑师可以通过巧妙地运用具有不同性格的体块，创造出建筑物美而适宜的体形。

中西方在建筑造型上有着明显的不同。以土木为材的中国传统建筑，体形组合多用曲线，群体组合在时间上展开，具有绘画美。西方建筑多用石材，体形组合多用直线，单体建筑在纵向上发展，建筑造型突出，具有雕塑美。中国建筑的出发点是"线"，完成的是铺开的"群"，组成群体的亭、馆、廊、榭等都是粗细不一的"线"，细部的翼檐飞角也是具有流动之美的曲线，这样围合的建筑空间就像是一幅山水画，作为界面的墙就是这画的边框（图5-20）。西方建筑的出发点是"面"，完成的是团块的"体"，几何构图贯穿着它的发展始终。所以，欣赏西方建筑，就像是欣赏雕刻，首先看到的是一个团块的体积，这体积由面构成，它本身就是独立自主的，围绕在它的周围，其外界面就是供人玩味的对象（图5-21）。虽然中国传统的群体建筑与西方传统的单体建筑在形体组合上各有特点，但强调和注重形体组合则是共通的。

图 5-20　苏州园林

图 5-21　法国巴黎圣母院

　　体形组合的统一与协调是建筑体形构成的要点。一幢建筑的外部体形往往由几种或多种体形组合而成，这些被组合在一起的不同体形，必须经过形状、大小、高矮、曲直等的选择与加工，使其彼此相互协调，而某些小体形又自具特色；然后按照建筑功能的要求和形式美的规律将其组合起来，使它们主次分明、统一协调、衔接自然、风格显著。如意大利文艺复兴时期的经典建筑圣马可教堂与钟塔便显示了这种特性。拜占庭建筑风格的圣马可教堂，其平面为希腊十字形，有五个穹隆，中央和前面的穹隆较大，直径为 12.8 m，其余三个较小，均通过帆拱由柱墩支撑；内部空间以中央穹隆为中心，穹隆之间用筒形拱连接，大厅各部分空间相互穿插，连成一体。在它前面的是著名的圣马可广场，见图 5-22。广场曲尺形相接处的钟塔，以其高耸的形象起着统一整个广场建筑群的作用，既是广场的标志，也是威尼斯市的标志，教堂与钟塔形成对比统一，相得益彰。

图 5-22 威尼斯市中心的圣马可广场

体量是指建筑物在空间上的体积，包括建筑的长度、宽度、高度。建筑体量一般从建筑竖向尺度、建筑横向尺度和建筑形体三方面提出控制引导要求，一般规定上限。体量的巨大是建筑不同于其他艺术的重要特点之一。同时，体量大小也是建筑形成其艺术表现力的根源。许多建筑，如埃及的金字塔（图 5-23）、法国的埃菲尔铁塔（图 5-24），乃至中国广州的琶洲国际会展中心（图 5-25），其庞大的体量都给人以强烈的视觉冲击力。如果这些建筑体形缩小，不仅减小了量，同时也影响了质，给人心灵上的震撼和情绪上的感染必然也会减弱。建筑给人的崇高感正是由建筑特有的体量、形状所决定的。

图 5-23 埃及金字塔

图 5-24　法国埃菲尔铁塔

图 5-25　琶洲国际会展中心

　　建筑体量的控制应考虑地块周边环境。以北京天安门广场上的建筑为例，天安门城楼、人民大会堂、国家博物馆、毛主席纪念堂、人民英雄纪念碑等建筑的体量都很巨大，但在开阔的天安门广场上却没有大而不当的感觉，建筑体量与所处空间的大小有了很好的呼应。与天安门广场相连的东西长安街上的建筑体量也较巨大，这一方面是因为大体量建筑可以很好地体现北京作为国家政治中心的庄严形象，另一方面也是由于建筑要与整个北京恢宏大气的城市格局相协调。

　　体量之大并不是绝对的，体量的适宜才是最重要的。强调超人的神性力量的欧洲教堂都有大得惊人的体量；而显示中国哲学的理性精神和人本主义，注重其尺度易于为人所衡量和领会的中国建筑，体量都不太大。而园林建筑和住宅，更重于追求小体量显出的亲切、平易和幽雅。

二、空间与环境

建筑与空间性有着密切的关系。空间的形状、大小、方向、开敞或封闭、明亮或黑暗等，都有不同的情绪感染作用。开阔的广场表现宏大的气势令人振奋，而高墙环绕的小广场给人威慑感；明亮宽阔的大厅令人感到开朗舒畅，而低矮昏暗的庙宇殿堂，就使人感觉压抑、神秘；小而紧凑的空间给人温馨感，大而开敞的空间给人平和感，深邃的长廊给人期待感。高明的建筑师可以巧妙地运用空间变化的规律，如空间的主次开合、宽窄、隔连、渗透、呼应、对比等，使形式因素具有精神内涵和艺术感染力。

建筑艺术是创造各种不同空间的艺术，它既能创造建筑物外部形态的各式空间，又能创造出建筑物丰富多样的内部空间。建筑像一座巨大的空心雕刻品，人可以进入其中并在行进中感受它的效果，而雕塑虽然可以创造各种不同的立体形象，却不能创造出能够使用的内部空间。

建筑空间有多种类型，有的按照建筑空间的构成、功能、形态，区分为结构空间、实用空间、视觉空间；有的按照建筑空间的功能特性，区分为专用空间（私属空间）及共享空间（社会空间）；有的按照建筑空间的形态特性，区分为固定空间、虚拟空间及动态空间；而更普遍的区分方法则是按照建筑空间的结构特性，将其分为内部空间或室内空间、外部空间或室外空间。内部空间是由三面——墙面、地面、顶面（天花、顶棚等）限定的具有各种使用功能的房间。外部空间是没有顶部遮盖的场地，它既包括活动的空间（如道路、广场、停车场等），也包括绿化美化空间（如花园、草坪、树木丛带、假山、喷水池等）。当代建筑在空间处理上，使室内、室外空间互相延伸，如采用柱廊、落地窗、阳台等，既有分隔性，又有连续性，增加了空间的生机。

建筑空间的艺术处理，是建筑美学的重要部分。《老子》一书指出："凿户牖以为室，当其无，有室之用。"即开出门窗，有了可以进入的空间，才有房屋的作用，即"室之用"是由于室中之空间。建筑的空间处理，首先应能充分表达设计主题、渲染主题，空间特性必须与建筑主题相一致。比如，纪念建筑一般选择封闭的、具有超人尺度的纵深高耸空间，而不选择开敞的、具有宜人尺度的横长空间，因为这种特性的空间适合休闲建筑或文化娱乐场馆，能给人自由、活泼、舒适的感觉。

处理好主要空间与从属空间的关系，才能形成有机统一的空间序列。例如广州的中山纪念堂，其内部空间构成就显示了突出的主从空间关系；八边形多功能大厅是主要空间，会议、演出、讲演均在这里进行；周围的从属空间，如休息廊、阳台、门厅、电器房、卫生间等，在使用性质上都是为多功能大厅服务的；多功能大厅空间最大、最高，处于中心位置，它的外部体量也最大、最高，也同样处于中心位置，统领其他从属建筑，而从属建筑又把主体建筑烘托得突出而完美。另外，建筑空间是以相互邻接的形式存在的，相邻空间的边界线可采用硬拼接，以形成鲜明轮廓；也可以采用交错、重叠、嵌套、断续、咬合等方法组织空间，形成不确定边界和不定性空间。

此外，空间以人为中心，人在空间中处于运动状态，是从连续的各个视点观看建筑物的，观看角度的这种在时间上延续的移位就给传统的三度空间增添了新的一度空间。就这样，时间就被命名为"第四度空间"。人在运动中感受和体验空间的存在，并赋予空间完全的实在性。所以，空间序列设计应充分考虑到人的因素，处理好人与空间的动态关系。

建筑一经建成就长期固定在其所处的环境中，它既受环境的制约，又对环境产生很大的影响。因此，建筑师的创作不像一般艺术家那样自由，他不是在一个完全空白的画布上创作，而是必须根据已有的环境、背景进行整体设计和构图。所以，建筑的成功与否，不仅在于它自身的形式，还在于它与环境的关系。正确地对待环境，因地制宜，趋利避害，往往不仅给建筑艺术带来非凡的效果，而且给环境增添活力。倘若建筑与环境相得益彰，就会拓展建筑的意境，增强它的审美特性。中国园林建筑作为建筑与环境融为一体的典范，就特别善于运用"框景""对景""借景"等艺术语言。如北京的颐和园，就巧妙地把它背后的玉泉山以及远处隐约可见的西山"借过来"，作为自己园林景观的一部分，融入其空间造型的整体结构之中，使得其艺术境界更加广阔和深远。

自然环境的重要因素首推气候。在不同气候条件下的建筑有很大不同，应充分体现出趋利避害的特点。如印度新德里的美国大使馆（图5-26），为了避免夏季太阳辐射热，设计成一个内向庭院，上方覆以铝制网罩，外围幕墙饰以精细的格栅，再加上外部环境的柱廊和大挑檐，不仅使建筑物在炎热的气候条件下能保持凉爽，而且又形成了华丽端庄的形象，与大使馆特有的性质和功能相吻合。

图5-26　印度新德里的美国大使馆

地形、地貌也是考虑环境时重要的因素，因地制宜才能使建筑与环境有机融合。如美国现代建筑家赖特设计的流水别墅，地处美国宾夕法尼亚州匹茨堡附近的一个小瀑布上方，利用钢混结构的悬挑能力，使各层挑台向周围幽静的自然空间远远悬伸出去。平滑方正的大阳台与纵向的粗石砌成的厚墙穿插交错，在复杂微妙的变化中达到一种诗意的视觉平衡。室内也保持了天然野趣，一些被保留下来的岩石像是从地面破土而出，成为壁炉前的天然装饰，而一览无余的带形窗，使室内与四周茂密的林木相互交融，整座别墅仿佛是从溪流之上滋生出来的。巧妙地利用地形、地貌，使之与环境融为一体的建筑艺术精品还有很多，如澳大利亚的悉尼歌剧院（图5-27）、日本兵库县神户的六甲山集合住宅（图5-28）等，都是成功的范例。

图 5-27　澳大利亚悉尼歌剧院

图 5-28　日本兵库县神户的六甲山集合住宅

　　建筑还要与人文环境有机融合。矗立在城市中的建筑应该考虑更多的历史与人文因素，要和周围的建筑群协调一致，甚至要把路灯、街区、车站、人流等社会人文景象都要纳入建筑的整体空间构型之中。如贝聿铭设计的波士顿海港大楼（图 5-29），它拥有斜方形平面，四个立面全部使用玻璃幕墙，能把整个城市街景全方位、广角度、动态地映现出来，效果美妙惊人。而这一设计，也促使玻璃幕墙被广泛应用。

图 5-29　波士顿海港大楼

建筑与环境的关系非常密切，一般来说，建筑是环境艺术的主角，它不仅要完善自己，还要从系统工程的概念出发，充分调动自然环境（自然物的形、体、光、色、声、嗅）、人文环境（历史、乡土、民俗）和环境雕塑、环境绘画、建筑小品、工艺美术、书法乃至文学的作用，统率并协调它们，构成整体。有了这样的综合考虑，处理好建筑与环境的关系，不仅可以突出建筑的造型美，而且还具有协调人与自然、人与社会和谐关系的精神功能。因此，建筑应充分与环境和景观结合，为人们提供轻松舒适、赏心悦目的氛围。

三、色彩与质地

色彩是建筑艺术语言的一个不容忽视的要素，建筑外部装修色彩的历史悠久。中国是最早使用木框架建造房屋的国家，为保护木构件不受风雨的侵蚀，早在春秋时代就产生了在建筑物上进行油漆彩绘的形式。工匠们用浓艳的油漆在建筑物的梁、纺、天花、柱头、斗拱等部位描绘各种花鸟人物、吉祥图案，用来美化建筑和保护木制构件。这种绘饰的方法，奠定了中国建筑色彩的基础。

人类对建筑色彩的选择，不仅有美化与实用的因素，而且与社会制度、宗教信仰、风俗习惯及人的精神意志密切相连。尤其值得重视的是建筑色彩的民族性与象征性。建筑色彩还具有一定的符号象征性，如天安门及中南海四周的红色围墙，象征着中央政权；南京中山陵与广州中山纪念堂的蓝色屋顶，象征着革命先行者孙中山所举过的旗帜。

建筑色彩的选择应考虑到多方面的因素。

第一，要符合本地区建筑规划的色调要求（中国很多城市都有城市色彩专项规划）。统一规划的建筑色调，会使建筑的色彩协调而不零乱，能呈现出和谐的整体美。

第二，建筑物的外部色彩要与周围的环境相协调。首先，要与自然环境相协调。在这方面，澳大利亚悉尼歌剧院就是成功的范例。歌剧院位于悉尼港三面临海、环境优美的便利朗角上。为了使它与海港整体气氛相一致，建筑师在设计这座剧院的屋顶时选择了四组巨大的薄壳结构，并全部饰以乳白色贴面砖。远远望去，宛如被鼓起的一组白帆，又像一组巨大的海贝，在阳光下闪烁夺目、熠熠生辉，与港湾的环境十分和谐；其次，要与人工环境相协调。建筑色彩的选择应考虑与周围其他人工建筑的色彩协调。如曲阜的阙里宾舍，紧靠知名度极高的孔庙，为了取得风格与色彩上的协调一致，建筑物的外形采用了传统风格，并以中国传统民居的灰色、白色为基调，选用青砖灰瓦。整体建筑朴实无华、素雅明朗，与整体环境相当协调。但是，反面的事例我们也常能见到。近些年，许多人在风景名胜区大建楼堂馆所，在古建筑群中建现代高层建筑，这无疑是对周围环境的一种破坏。

第三，要根据建筑物的功能性质，选择与其相适应的色彩。建筑的内部装修色彩与人的关系更为密切，能对人的心理产生影响，甚至能影响人的生活质量和工作效率。例如，工厂中的色彩调节就十分重要，中国有一家纺织厂就利用色彩调节的原理改造厂区，获得了很大的成功。他们选用天蓝色作为生产车间墙壁、机器设备的主调，在棉花与纺线的相映之下，宛如蓝天白云，使人产生置身大自然的美好感受。同时，车间地板被涂成铁锈红色，进一步增添了温暖亲切的气氛，较大地提高了生产效率。可见，室内装修色彩的合理使用，不仅能美化室内环境，还能使人心情舒畅，并有利于人的潜在能力的发挥。

所以，建筑色彩要符合建筑的功能特性。如医院的门诊部应使用给人以清洁感的色彩，手术室内最好采用血液的补色蓝绿色为基本色调。俱乐部、小学、幼儿园等不宜选用冷色调，应该采用明快的暖色调。饭店的不同用色可以创造出不同的风格，一般来说，大型宴会厅可选用色彩度较高的颜色，如适当地运用暖色调可收到富丽堂皇的效果；而供好友聚会小酌的小餐室，以选用较为柔和的中性色为宜，有利于营造温馨幽雅的浪漫氛围。商店的室内色彩与商品有着极为密切的关系，在考虑色彩的配置时，要注意突出商品的性能及特点。有些商品貌不引人，就应在背景色彩及放置的方法、位置上多下工夫。有些商品本身包装十分华美醒目，背景色就要尽量单纯一些，以免喧宾夺主。此外，装修店铺的门面时，店铺若是老字号，室内及门面的色调就应以传统色彩为主，追求古朴典雅的风格。可选用深棕、枣红等作为商店的主色调，也可选用原木制品。而经营现代工业产品的商店，可以选用明快浅淡的色彩为主，如银灰、米黄、乳白色等，以突出现代风格。

与建筑色彩关系密切的还有材料所造成的建筑形式的质地。建筑材料不同，建筑形式给人的质感就不同。石材建筑的质感偏于生硬，给人以冷峻的审美感受；木材建筑的质感偏于熟软，给人以温和的审美感受；金属材料的建筑闪光发亮，颇富现代情趣；玻璃材料的建筑通体透明，给人以晶莹剔透之美。所以，不同的材料质地给人以软硬、虚实、滑涩、韧脆、透明与浑浊等不同感觉，并影响着建筑形式美的审美品格。生硬者重理性，熟软者近人情；重理性者显其崇高，近人情者显其优美。

根据建筑物的功能使用适宜的建筑材料，以造成特有的质感和审美效果，这类成功之作很多。如北京奥运会国家游泳中心水立方，其膜结构已成为世界之最。水立方是根据细胞排列形式和肥皂泡天然结构设计而成的，这种形态在建筑结构中从来没有出现过，创意非常奇特。整个建筑内外层包裹的ETFE膜（乙烯—四氟乙烯共聚物）是一种轻质新型材料，具有良好的热学性能和透光性，可以调节室内环境，冬季保温，夏季阻隔辐射热。这类特殊材料形成的建筑外表看上去像是排列有序的水泡，让人们联想到建筑的使用性质——水上运动。水立方位于奥林匹克公园，与主体育场鸟巢相对而立，二者和谐共生，相得益彰。

除了材料的运用外，建筑质感的形成，还可以通过一定的技术与艺术的处理，从而改变原有材料的外貌来获得。例如，公园里的水泥柱子过于生硬，若将它的外形及色彩做成像是竹柱或木柱，便能获得较好的审美效果。还可以通过使用壁纸漆、质感艺术涂料等墙面装饰新材料，在墙面上做出风格各异的图案及具有凹凸感的质地，掩盖原建筑材料的外貌，使墙壁更加美观，或使其达到特定的质感审美效果。

第四节　建筑艺术的唯一性与时尚性

一、建筑艺术的唯一性

建筑作品同其他任何一种艺术品一样，都具备唯一性，不可复制和抄袭。能大量复制的，仅仅是工艺品或日用品，而非艺术品。这就解释了为什么建筑设计反对抄袭，因为抄袭既是窃取别人的成果，也会损害原作者的权益，贬损他的作品由艺术品成为工艺品。中国现行的《中华人民共和国著作权法实施条例》中规定，"建筑作品，是指以建筑物或者构筑物形式表现的有审美意义的作品"，是受到保护的。

二、建筑艺术的时尚性

时尚，就是人们对社会某项事物一时的崇尚，这里的"尚"是指一种高度。时尚是一种永远不会过时而又充满活力的一类艺术展示，是一种可望而不可即的灵感，它能令人充满激情，充满幻想；时尚是一种健康的代表，无论是人的衣着风格、建筑的特色还是前卫的言语、新奇的造型等，都可以说是时尚的象征。

首先，时尚必须是健康的；其次，时尚是大众普遍认可的。如果仅是某个比较另类的人，想代表时尚是代表不了的，即使他特有影响力，大家都跟风，也不能算时尚。因为时尚是一种美，一种象征，能给当代和下一代留下深刻印象和指导意义的象征。

每个时代都有引领潮流的建筑师，都有新颖的建筑艺术风格，这些风格为众多设计师追随，为大众所接受和推崇而风靡一时，使建筑留下了时间的刻痕，追求时髦也使得建筑的审美趋势易形成明显的潮流，而不合时宜的又少有艺术性的作品，会显得另类而难以被接受。这些现象反映建筑有着时尚性，但这种时尚的时效性更为长久。

审美疲劳是人的共性，表现为对审美对象的兴奋减弱，不再产生较强的形式美感，甚至对对象表示厌弃，即所谓"喜新厌旧"。但它也推动了时尚的此起彼伏，层出不穷。

在建筑界，时尚往往体现为一种建筑新的风格为设计师及用户所推崇，从而风靡一时，时尚性也要求建筑设计不走老路而应向前看，使作品具备"时代的烙印"，见图5-30。

图 5-30　时尚的建筑立面

第六章 建筑的经济性与设计

第一节 建筑经济性的概念

建筑经济性的内容应当包括：建筑物新建、改建或扩建的总投资；建筑物交付使用后，经营、投入生产、管理维护费用及盈亏的综合经济效益；建筑物的标准，即每平方米建筑面积的造价；设计和施工周期所耗的时间；建筑物的经济技术指标，如建筑密度、容积率、建筑层高、层数等，通过控制指标力求合理利用空间，节约有限的用地；进行前期可行性研究，防止重复性建设；建筑空间立体发展，综合安排地下建筑空间以节约用地；建筑物的空间设计能够满足多功能活动的灵活展开，在不同时期最大程度地利用建筑物。

一、投入与产出

著名的法国建筑大师勒·柯布西耶曾经说过："建筑师必须认识建筑与经济的关系，而所谓经济效益，并不是指获得商业上的最大利润，而是要在生产中以最少的（劳动）付出，获得最大的实效。"以最低的成本建造出符合要求的建筑才是最经济的。在建筑设计中融入经济性理念，也就是在进行设计时既要考虑建筑功能上的需要，又要考虑建筑成本的支出。评价一项建筑工程也要综合分析建筑的外观、功能以及成本支出。经济性好的建筑，不是低投入、高消耗的建筑，而是能够合理地支配土地、资金、能源、材料与劳力等建设资源，并在长期的综合比较后能够保持数量，标准和效益三者之间适当平衡且相对经济的建筑；是一种不仅外形美观而且建造、管理以及维修等所有费用都相对合算的建筑；是在建筑投入使用后，不经过新的投资或是投入较少的资金却仍能保证可持续运转的建筑。对中国这样的发展中国家来说，寻求良好的经济效益是很有必要的。

二、全寿命过程

从一项建筑工程的计划、设计、建造直到建成后的使用，这些阶段都是前后相继、相互关联的，我们可以将这整个一系列的过程称为"全寿命过程"。

在前工业社会中，建筑物的费用绝大部分体现在一次建造中。但是，随着科学技术的不断发展，建筑物为了满足多种使用功能要求，增添了采暖、通风、照明、电梯等各种设施。这些设施及整个建筑物在建成之后的经常运行及管理中，还要有相当大的费用支出。在能源短缺的形势下，这种经常性的支出往往要高出建筑物一次造价，甚至高出几倍之上。国外一些数据显示，一项民用建筑物的一次投资以及经常运行管理费用的比例为1:4

至 1 : 6，建筑物后期的运营费用远高于一次投资。因此，尽量控制和减少建筑物后期运营费用显得特别重要。

为了达到经济的目标而盲目压低造价，忽视建筑物长期使用中的经常消耗，也会使建筑的全寿命费用增加而造成浪费。例如，中华人民共和国成立初期的一些建筑为了节省建筑材料和造价，用减薄砖墙，把双层玻璃改为单层等方法来降低墙体维护结构的厚度，造成维护结构保温性能的不足。这样虽然节省了第一次投资，降低了建筑造价，却会引起经常性采暖能耗的增加，实际上降低了建筑效益。

建筑的经济性不仅要重视节约第一次投资，还要重视交付使用后的能源耗费和经营管理费用开支。建筑师的任务也不仅限于研究如何节约一次造价，还要把包括建筑物投入使用以后的长期支出（即全寿命费用）与它产生的收益相比较，一起达到最佳的产品效益。

实践中，建筑师要建立"全寿命过程"经济性理念，全面掌握建筑结构、材料，设施、设备的性质、性能和各项技术指标，以及它们在建筑使用中的重要性与所占投资的比例，结合不同的经济条件和使用目的加以分析、综合，以提高建筑建造、运营过程的整体经济性。

三、近期与远期相结合

建筑设计一定要考虑长远利益，只考虑眼前利益而造成建筑在短期内改造和改建的行为会造成巨大的经济损失。当建筑物的用途要求发生改变、原先满足功能要求的建筑可能不再适应新的功能需要时，建筑物长期的经济效益就会有所降低。建筑师要有长远的观点，设计过程中对建筑物所能满足的功能要求以及在将来可能花费的费用等都要充分考虑，既合理布置建筑最初所要满足的使用功能，又要考虑到将来建筑所能适应的使用要求。

四、综合效益观念

建筑物作为一项物质产品，应当产生经济、社会及环境三方面的效益。这三种效益随着产品性质不同各有侧重，但是每个产品应尽可能地兼顾这三方面。建筑师要树立综合效益观念，全面地理解建筑经济性的含义。

在与环境、社会两大效益的相互关联中，经济效益起到的是基础性的作用。没有经济效益的建筑，其环境效益、社会效益也无从谈起。反过来，建筑活动只有在有效地塑造出舒适的空间环境，体现出良好社会效益的基础上，才能最终实现其经济效益。随着建筑性质的变化，三者之间会各有所侧重，但是任何情况下都要尽可能地兼顾协调这三方面。不管是为了经济效益而忽视环境和社会效益，还是只从远景和环境效益出发，提出过高的建设要求，使投资者无利可图，都是片面的做法。建筑是应当从社会利益、城市与建筑整体的环境效益、业主投资者的经济利益以及整体的经济效益出发，来进行建筑创作。

建筑设计的经济性目标并不是单纯地指一时一地的高经济回报，而是要重视对环境和生态的保护、对资源的节约使用和再利用等。世界上的可用资源是有限的，我们必须有效合理地分配使用这些资源。片面追求经济的增长，对自然资源的过度消耗，只会严重损坏人类的生存环境。任何情况下都要强调经济效益、环境效益和社会效益三者的统一。

第二节 建筑设计过程中的经济性考虑

建筑设计是基本建设的首要环节，建筑设计阶段可以有效地控制项目投资。研究表明，房地产项目的初步设计阶段影响工程造价的程度为75%，施工图设计阶段影响工程造价的程度为25% ~ 30%，而施工阶段影响工程造价的程度为5% ~ 10%。由此可见，要有效地控制项目投入，应首先在投资决策和设计阶段中解决工程造价问题。建筑师不仅要知道如何设计建筑物的外形和内部布局，还要了解建筑结构形式、外部环境以及各种费用之间的相互关系，只有这样才能设计出经济可行的方案。

建筑设计总是在一定的经济条件约束下进行的，只有技术上先进可靠、经济上合理可行的建筑产品才能被社会接受。随着建筑领域科学技术的发展，出现了许多新的建筑设计理论、新的结构形式、新型建筑材料，以及新型施工机械和施工工艺，这些科技因素都会对建筑经济性产生很大的影响。设计师可以通过更加有效灵活地利用空间，提高建筑的使用价值；也可以通过选择最为合适的材料以及简化施工方法等来降低建筑成本，并使方案适用于可采用的各种材料和构配件的范围；还可以通过提高结构耐久性或延缓建筑产品的老化来减少维护费用和其他费用，相应提高产品的收益。

建筑设计的各个环节中都可以采用不同的设计策略以提高建筑的经济性。但是，对于建筑设计的全过程而言，用地布局，空间利用，结构及形式，建材、设备、施工方案的选择，以及室内外各工程的设计合理性等，都应在进行了全面分析比较、充分研究项目的经济可行性之后，选择出最佳的解决方案。

一、准确把握建筑总图布局

总图布局是建筑设计中的一个重要环节，是在对建设用地进行全面分析的基础之上，全面、综合地考察影响场地设计的各种因素，因地制宜、主次分明、经济合理地对建设用地的利用地出总体安排。

（一）总图布局中的节约用地

建筑师在设计时，应当充分考虑用地的经济性，尽量采用先进技术和有效措施，寻求建设用地的限制与建筑意向之间的最佳结合点，使场地得到最大程度的利用，使设计得到最有利可图的允许用途。

l. 充分利用地形

为了适应基地形状，充分发挥土地的作用，可以采用将建筑错落排列，利用高差丰富空间效果、在建筑群的交通联系上进行精心设计等方法。在用地中，较完整的地段可以布置大型的较集中的建筑组群；在零星的边角地段，可以采用填空补缺的办法，布置小型的、分散的建筑或点式建筑。例如，某中学的总平面图布局中，充分考虑了用地形状，将教学楼体形与用地形状很好地结合，在用地很小的情况下留出了较为完整的运动场地，并保证了教室良好的朝向和通风条件（图 6-1）。

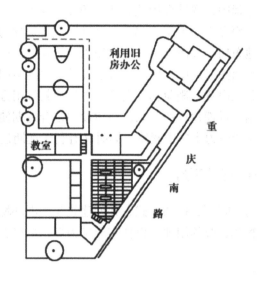

图 6-1　某中学总平面图

　　对于坡地、地脊等特定的场地来说，更应因地制宜地利用山坡的自然地形条件，根据建设项目的特点进行总体布置，力求充分发挥用地效能。在考虑充分结合地形时，还需要综合考虑建筑朝向、通风、地质等条件，尤其是山地丘陵等地质较为复杂的地形，只有在对地质做了全面了解之后才能做出合理的总体布局。

　　坡地地形中，建筑与地形之间不同的布置方式会对造价产生不同的影响。建筑与等高线平行布置，当坡度较缓时，土石方及基础工程均较省；坡度在 10% 以下时，仅需要提高勒脚高度，建筑土石方量很小，对整个地形无须进行改造，较为经济；坡度在 10% 以上时，坡度越大，勒脚越高，经济性进一步下降，此时应对坡地进行挖填平整，分层筑台；坡度在 25% 以上时，土石方量、基础及室外工程量都大大增加，宜采用垂直等高线或与等高线斜交的方式布置。垂直等高线布置的建筑，土石方量较小，通风采光及排水处理较为容易，但与道路的结合较为困难，一般需要采用错层处理的方式。与等高线斜交的布置方式，有利于根据朝向、通风的要求来调整建筑方位，适应的坡度范围最广，实践中采用得最多。

2. 避开不利的地段

　　建设项目的选址，必须全面考虑建设地区的自然环境和社会环境，对选址地区的地理、地形、地质水文、气象等因素进行调查研究，尽量选择对建筑稳定性有利的场地，不应在危险地段建造建筑（如软弱地基、溶洞或人防、边坡治理难度大的地方等），选择地下水位深、岩石坚硬及粗粒土发育的地段。同时，从环境保护角度出发，应尽量避免产生污染和干扰，统一安排道路、绿化、广场、庭院建筑小品，形成良好的环境空间。

3. 合理规划布局及功能分区

在总平面图布局过程中，要结合用地的环境条件以及工程特点，将建筑物有机地、紧密地、因地制宜地在平面和空间上组织起来，合理完成建筑物的群体配置，使用地得到最有效的利用，提高场地布局的经济性。场地的使用功能要求往往与建筑的功能密不可分。例如，在中小学的总平面图布局中，应充分考虑各类用房的不同使用要求，将教学区试验区、活动区和后勤区分别设置，避免相互交叉，并保证其使用方便。在进行总平面图设计时，还要考虑长远规划与近期建设的关系，在建设中结合近期使用以及技术经济上的合理性。近期建设的项目布置应力求集中紧凑，同时又有利于远期建设的发展。

4. 合理布置建筑朝向及排列方式

合理布置建筑朝向、间距、排列方式，并使建筑与周围环境、设备设施协调配合，可以有效地提高建筑容积率，节约用地。以住宅建筑为例，可以看出建筑朝向及排列方式对建筑用地的影响。

（1）行列式布置

行列式布置是住宅群布置的最为普通的一种形式，这种布置形式一般都能够为每栋建筑争取好的朝向，且便于铺设管网和布置施工机械设备。但千篇一律的平行布置会形成单调的重复，使空间缺乏变化。例如，在住宅小区的规划设计中，为提高容积率，住区的总平面设计中常会采用较为经济的行列式布局，使住宅具备朝向好、通风畅、节约用地、整体性强等优点。但是如果在建筑层数受到限制的情况下追求过高的容积率，总体的规划设计就会受到较大的限制，难以形成多元化的空间组织关系，小区环境的设计也会受到影响。设计中应兼顾经济效益、社会效益和环境效益，创造出符合现代居住生活和管理模式需要的居住空间来。

另外，适当加大建筑长度可以节约用地，但平行布置的两排住宅长度不宜过大，应结合院内长、宽、高的空间比例进行考虑，以免形成狭窄的空间。这时可以将住宅错接布置，或利用绿化带适当分隔空间。例如，上海阳光欧洲城四期经济适用房的规划设计中，虽然对容积率的要求不是很高，但是由于经济方面的原因，甲方不允许采用扭转围合、南入口处理等手法来营造多样的空间。设计者为适应住户对舒适、安全、环境等方面日益增高的标准，利用平接、错接的手法组织建筑单元，并创造出空间与平面形态变化流畅的绿地系统，避免了单调的住宅布局。

（2）自由多样化布置

自由多样化布置使几栋住宅建筑成一定的角度，在节约用地上有明显的优势，并且可以获得较为生动的空间效果。在地势平坦且满足日照通风等条件的情况下，采用相互垂直的布置能够获得大面积的完整、集中的内院，可以用于绿化或作为休息娱乐场所。而且，内院与内院之间通过空间上的处理相互联系，可以产生空间重复和有节奏感的效果。为了适应地形，住宅之间也常常会呈一定角度的斜向布置。这样的布置形式不仅可以与环境协调，结合地形节省土石方，还可以形成两端宽窄不等的空间，避免单调。

成角度的布置方式中，通过适当增加东西向住宅，可使其日照间距与南北向住宅的间距重叠起来，较好地利用地形并节约用地。南方地区应采取相应的措施尽量避免东西向房屋的西晒问题。例如，在南北向布置的条形住宅端头空地中布置一些点式住宅，能够较好地克服西晒并减少长条形建筑对日照通风的阻挡（图6-2）。

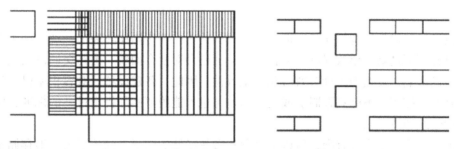

图6-2　房屋间距用地的重叠点式与条形住宅结合布置

（3）周边式布置

周边式布置是建筑沿街坊或院落周边布置的形式，这种布置形式形成近乎封闭的空间，具有一定的空地面积，便于组织公共绿地和小型休息场地，且有利于街景和商业网点布局，组成的院落也相对比较完整。对于寒冷及多风沙地区，还可阻挡风沙及减少院内积雪，有利于节约用地，提高建筑密度，不失为节约用地的一种方案。

在地形较为复杂的情况下，大面积统一采用一种布置方式往往是不容易的。因此，应当根据地形、地貌，结合考虑日照及通风等因素，因地制宜地组织建筑布局。

5.合理开发地下空间

随着城市的发展，城市内各种用地日趋紧张，地下空间的拓展可以扩大城市的可利用空间，促进城市土地的高效利用，带来巨大的社会效益和环境效益。从节约土地、节约能源和开拓新的空间等角度出发，对地下空间进行开发利用是一个必然的发展趋势。

地下交通的发展，可以节约大量土地，还具备准时快速、无噪声、节约能源、无污染等优点，并能有效地降低事故率和车祸率。地下空间的开发对城市历史文化的保护也有重要贡献。通过利用地下空间，我们还可以将一些诸如废物处理厂、垃圾焚化炉等影响城市景观的设施，以及产生大量噪声的工厂移到地下，减少地面污染。

经济性是影响地下空间开发利用的主要因素。由于自然环境、空气污染、安全及防火以及施工复杂等方面的问题，地下工程的建筑投资一般为地面相同面积工程建设的3～4倍，最高可达8～10倍。但是，衡量地下空间利用的经济性应当从社会效益、环境效益、经济效益三方面全面考虑。

（二）总图布局中的环境效益

建筑师在设计的过程中常常考虑的是单体建筑，而对周围环境缺乏总体的考虑。但评价一个建筑物好坏，不仅要看其本身价值，还要看其对周围环境的影响。环境条件直接影响工程项目的整体效益，这就需要建筑师在进行总体设计时能够将建筑单体设计与环境设计协调组织起来，充分考虑建筑与城市、建筑与建筑以及建筑与景观之间的关系。建筑师除了要保证自然环境质量的最低限度要求之外，还要创造一个良好的人造环境，并为用户留出足够的自我创造或自我改善的余地，以实现最佳或较佳的总体效益环境。

I. 适宜的建筑容积率与建筑高度

创造良好的建筑环境与建筑上追求商业利润的矛盾在中国比较突出。现在许多大中城市的建筑容积率过高，导致局部环境较差，甚至还会对社会面貌、道路交通以及设备设施等造成不良影响，直接损害社会效益和环境效益。因此，各建设项目对容积率以及建筑高度等应有严格控制，不能只顾眼前或局部利益，也不能脱离实际提出过高的标准，应当坚持适宜的建筑环境要求。

中国的城市用地十分有限，所以垂直化建造是必然的结果。随着城市土地存储量的不断减少，以及建筑技术的飞速发展，高层建筑的建设将是一段时期发展的重要途径和趋势。增加建筑层数可以节约建筑用地，当建筑面积规模一定时，层数越高，建筑物基底所占用地就越少。一般来说，长条形平面房屋层数较少时，增加层数对节约用地所起的作用较为明显（图 6-3）。层数的增加，使得日照、采光、通风所需的空间随之增大，但总的来说还是节约用地的。从住宅建筑层数与用地效果分析表（表 6-1）中我们可以看出，层数的增加可以有效地节约用地，但随着层数的增加，节地的幅度逐渐趋于稳定。由于建筑层数的增加也会带来造价增高、能源消耗增加、施工复杂及安全隐患等问题，因此，一般来说 8 层以下的住宅通过降低层高带来的节地效果较好。建筑师在设计中应根据具体情况进行分析，选择合理的层数，使之既能满足人们生产生活的要求，又能达到节约用地的效果。

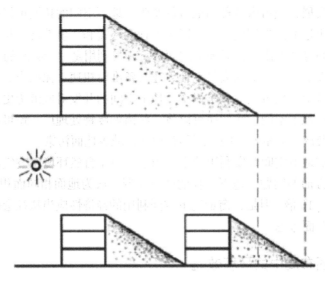

图 6-3　层数与用地之间的关系

表 6-1 住宅建筑层数与用地效果分析表

层数	每户用地面积 / m²	每户节约用地 / m²	比第一层节约百分率 / %	节约用地增长百分率 / %
1	74.62	0	0	0
2	49.18	25.44	34.09	34.09
3	40.70	33.92	45.46	11.37
4	36.46	38.16	51.14	5.68
5	33.92	40.70	54.54	3.40
6	32.22	42.40	56.82	2.28
7	31.01	43.61	58.44	1.62
8	30.10	44.52	59.66	1.22

虽然节约用地是降低成本的有力措施之一，但也不能因为一味地节约用地而对环境造成负面影响。居住小区设计方案的技术经济分析，核心问题是提高土地利用率。在居住小区的规划与设计中，合理地提高容积率是节约用地行之有效的措施，但这是应该以控制建设密度，保证日照、通风、防火、交通安全的基本需要，保证良好的人居环境为前提的。若是设计和组织不当，可能还会造成土地的实际使用效率下降。合理的容积率不仅可以充分利用土地，降低成本，还有利于可持续发展以及创造良好的人居环境。因此，住宅建筑的总体设计中可以结合以下准则：在不必采用高层楼房就能达到所要求密度的地方，仅从节约资金的角度考虑就不应修建高楼；在为了得到所要求的密度而需要一些高层建筑的地方，高层建筑的数量应保持最小；密度较高时，宁可使用少量的高达 20 层的高层建筑而不采用大量的中等高度的建筑；紧凑的平面布局有助于把高层建筑的数量保持到最小限度，并尽量保证最多数量低层建筑，以取得所要求的密度。

2. 合宜的停车场布置

停车场的布置也反映出很大的环境效益问题。随着私家车拥有量的不断增加，在经济发达的城市里如何解决大量的停车位已成为相当严峻的问题。室外集中设置停车场，或在沿街住宅与红线之间设停车位的做法都会对景观造成较差的影响。现在，室外停车场多采用以植草砖铺装，这种场地可以按照二分之一的比例计入绿化面积。这样的做法可以消除水泥地面停车场对环境的负面影响，但若将植草砖铺装的停车场地按二分之一的比例计入绿化面积，其经济效益显然远远大于环境效益。室内停车方式可以节约土地，环境效益较好，但是造价却相对较高。现在也有一些小区将室内环境较差的底层住宅架空，利用架空层的一侧设车库，另一侧供居民活动或作为自行车停放区。类似的还有利用楼间空地，抬高底层，将其下面用作停车库的做法，也可以充分利用楼间空地面积，提高土地利用率。

3. 合宜的景观布置

保证一定比例的绿地面积是实现较好的环境效益的基本要求。很多国家都建设有标准较高、环境较好的城市绿地，甚至在高层密集的城市中心区也会留有大片的城市绿地。环境效益的好坏又会直接影响项目整体效益的好坏，因此，在设计中应当注重建筑与周围环境的关系，力求达到建筑与环境的最佳融合。

建筑设计应当与自然很好地结合，建立可持续发展的建筑观，在策略上、技术上做出合理的控制。在欧洲的许多城市仍然沿用一种小石块铺筑的步行场地道路，就连耗资百亿美元的慕尼黑新机场也是采用此种道路。这种石块铺筑的道路有着坚固、便宜的优点，而且在小雨时还有可渗透、不积水、不溅水的特点，与中国历代庭院中采用的鹅卵石墁地相似。只此一项所减少的水泥用量，就对环境保护带来很大的潜在效益。

考虑环境建设的经济性，既要计算一次性建设投资，也要计算建成后的日常运行和管理费用。标准过低或奢华浪费，或是设计好的室外环境工程由于日常运行和管理费用较高而弃之不用，都会造成经济上的浪费，以至于影响整个工程的综合效益。要想实现较好的环境效益，既要充分利用自然环境，又要注意内外环境的一致协调，还要考虑到环境的保持和维护费用，不搞华而不实、脱离实际、维护费用较高、中看不中用的"景观"。

二、充分发挥建筑空间效益

充分发挥建筑的空间效益，就必须要有合理高效的空间布局，不仅要处理好建筑与外部环境的协调关系，还要充分利用空间，达到节约土地资源的目的。空间的高效性，要求建筑的内部功能具有合理清晰的组织，各组成部分之间有方便的联系，采用的形式也要与空间的高效性相符合。在进行空间布局设计时，要将建筑物使用时的方便和效率作为设计的出发点。

（一）空间形态

1. 简单高效的平面形状

平面设计一般要求布局紧凑、功能合理，朝向良好，建筑平面形式规整，外形力求简单、规整，并能提高平面利用系数，力求避免设计转角和凹凸型的建筑外形。建筑物的形状对建筑的造价有显著的影响，一般来说，建筑平面越简单，它的单位造价就越低。在平面设计中，每平方米建筑面积的平均外墙长度是衡量造价的指标之一。墙建筑面积比率越低，设计就会越经济。当一座建筑物的平面又长又窄或者它的外形设计得复杂而不规则时，其建筑周长与建筑面积的比率必将增加，造价也就随之增高。在建筑面积相同的条件下，以单位造价由低到高的顺序排列，选择建筑平面形状的顺序是正方形、矩形、L形、工字形和复杂不规则形。另外，增加拐角设计也会增加施工的费用。现在，很多建筑为了立面新奇有变化，在平面上切角、加圆弧曲线，在立面上凹进、凸出，造成平面不规整，使得折角多、曲线多，导致建筑面积利用率低，空间浪费大，造价也较高。

在平面布局中，采用加大进深、减小面宽的方法可以降低建筑物的周长与建筑面积的比率，节约用地。但是进深与面宽之间也要保持合适的比例，过分狭长的房间会造成使用上的不便。如果每户面宽太小还会产生黑房间，使得部分空间丧失使用功能。以一般的二室户大厅小室普通住宅为例，一梯三户住宅的面宽应在 4.2 ~ 4.8 m，一梯二户住宅面宽应在 5.1 ~ 5.7 m，过大或过小都不合适。进深以 12 m 左右为宜，低于 10 m 的进深就视为不经济。

不同的工程项目中，不同的功能、外观，使用方式，造价等设计标准，分别对平面形状的设计过程起不同程度的影响。例如，就造价而言，正方形的平面是最为经济的，但对于住宅、学校、医院建筑等对自然采光有较高要求的建筑来说就不适用。一座大型的正方形建筑，在其中心部分的采光设计上必然是要受到较大限制的。对于这些类型的建筑而言，建筑的进深也要受到控制，因为当建筑物的进深增加时，为获得充足的光线有时就需要增加建筑层高，这样建筑造价就会随之增加，节约用地所取得的经济效益也可能会被抵消。因此在设计时，针对不同的实际情况应采取不同的处理措施，设计中要保持各要素之间的平衡，也就是遵循"适用、经济、美观"的原则，经过综合分析得出理想的方案。

2. 经济美观的建筑外形

在满足使用合理、方便生产的原则下，采用合理的建筑外形，尽量增加场地的有效使用面积，是缩减建设用地、节约投资的有效途径。建筑是科学与艺术的结合，建筑的形式要随功能、环境、材料、构造与技术、社会生活方式以及文化传统等因素而定。形式作为外在的东西，应当是内在建筑要素的外部综合表现，因而它是以其他建筑要素的合理结合为支撑的。形式与内部各要素的完美结合能有效地节约投资，同样可以提高建筑的经济性。

一个完美的建筑，其内容与形式应该是一致的，与内容相脱离的形式不但不美观，而且会造成不必要的浪费。建筑师应当利用现代社会的成就，合理布置功能，将功能的适用作为造型的基本依据，同时也让造型给功能以必要的启示。现在一些设计师在设计时往往从形式出发，形式决定功能，立面决定一切，或是通过运用先进的建筑技术来追求新奇的形式，既不考虑建筑的经济性，也不重视建筑功能。例如，有的建筑为了强调立面通透或虚实对比，将本应封闭的房间开了大窗户，甚至做成玻璃幕墙，而需要自然采光的房间却只有小窗甚至无窗，结果是只好看不好用。这样难免会造成建筑设计一味追求形式，缺乏内涵的状况，设计出来的建筑也很难顾及经济合理性以及与周围环境的协调性。对于住宅、学校、厂房等与人民利益密切相关的建筑，适用与经济尤为重要，决不能一味追求时髦与形式。

当然，追求建筑的经济性并不意味着单调乏味，简陋粗糙，给城市景观造成不良的负面影响。在有限的条件下，通过精心的设计，仍然可以营造出赏心悦目的建筑形态。例如，清华大学图书馆新馆（图 6-4）的设计，没有追求表面的华贵，而是在内涵上下功夫。新馆设计充分遵循"尊重历史，尊重环境"的原则，在体现时代精神和建筑个性的同时，努力使建筑与周围环境和谐统一，既在空间、尺度、色彩和风格上都保持了清华园原有的建筑特色，又不拘于原有建筑形式而透出一派时代气息。新馆使用效率高，功能合理，经济实用，且对于材料使用、装修细部也都做了仔细的推敲，用清水砖墙做到了"粗粮细作"。

图 6-4　清华大学图书馆新馆

（二）空间利用率

空间的经济性是与空间的使用效率有关的。提高建筑空间的利用率，发挥建筑空间的最大潜能，可以有效地节约土地资源，最大程度地发挥建筑的使用价值，实际上也是对资金、能源的有效利用。这就要求建筑师通过分析各使用空间之间的相互关系以及联系，合理地安排建筑平面布局，充分挖掘空间的潜力，创造出具备灵活适应性且经济合理、使用高效的建筑空间。

l. 功能布局合理

一个合理的平面设计方案，不仅可以节省建筑材料、降低工程造价、节约用地，还可以提高建筑空间的使用效率，发挥建筑空间的最大潜能。

建筑内的交通空间常常也会占据较大的面积，因此交通空间的合理布置也相当重要。有关调查结果表明，一些高层公寓大楼的通道面积与层面积之比高达 29%，而研究表明，15% 的比例就已经足够了。所以，只有合理地安排交通空间，才能够有效地节约空间，降低造价。

2. 充分利用空间

应通过空间的充分利用，发挥建筑中每平方米的使用价值，使建筑功能与空间的处理紧密结合。

（1）夹层的灵活运用

公共建筑中的营业厅、候车室、比赛馆等都要求有较高的空间，而与此相联系的辅助用房和附属用房则在面积和层高要求上小得多，因此，常采取在大厅周围布置夹层的方式，以便更合理地利用空间，使不同房间各得其所。在设计夹层的时候，特别在多层公共大厅中（如商店），应特别注意楼梯的布置和处理。如能充分利用楼梯平台的高差来适应不同层高的需要，而不另外增加楼梯间，那是最理想的。在居住建筑中，也常结合起居室的高大空间设置夹层，做其他居室之用。

（2）坡屋顶的利用

坡屋顶是在公共建筑和居住建筑中常见的运用较广的一种屋面处理形式。在不影响采光间距的前提下，坡屋顶能额外获得三角形坡顶中的不小的空间，因此，在设计时可充分加以利用。在影剧院中的坡屋顶，常作为布置通风、照明管线的技术层来利用；在居住建筑中，常利用坡屋顶设置楼阁或储藏室。

（3）走道上部空间的运用

纯为交通性的走道，不论在公共建筑中还是居住建筑中，都是供人们通行而停留较少的地方，宽度也不大，因此，它可比其他房间采取更低的层高。在公共建筑中，常利用走道上部空间布置通风管道和照明管线；而在旅馆及居住建筑中，常利用走道上空布置储藏空间，这样从被压低后的交通空间再进入房间，可以使本来高度就不大的居室在大小空间的对比下，产生更为开敞的效果。有时也可降低部分居室高度，以增加储藏空间。

（4）楼梯间底层及顶层空间的利用

作为一般楼梯，底层楼梯间常被用作为小房间或储藏室，在公共建筑中也常利用楼梯底部空间布置家具或水池绿化，以美化室内环境。楼梯间顶部从楼梯平台至屋面一般常有一层半的空间高度，因此在许多建筑中都尽量利用它布置一个小房间，只需不影响人的通行即可（一般不小于 2 m 净空），这样不但增加了使用面积，而且还避免了过高的楼梯带给人空旷的感觉。

（5）窗台下部空间的利用

建筑设计时通过利用外墙的厚度，在窗台以下适当加以处理，按空间的不同大小，可安置暖气片、空调箱或储存杂物等。如商店、旅馆、餐厅或家庭，都需要储存大量的杂物，如果没有适当的储存空间，最后必然会侵占其他房间或居室，这是造成使用不合理和影响室内观瞻的根本原因。因此，不论是公共建筑还是居住建筑，在设计方案过程中一定要自始至终地十分注意空间的利用和杂物的储藏，以及各种技术层管道井等布置问题。对住宅来说，首先应将储藏空间和建筑紧密结合，如壁柜、壁龛、嵌墙家具、悬挂式家具及搁板等，这样不但可以减少住户家具的数量，还可相对增加使用面积，而且对室内空间的完整性起着极重要的作用，为室内设计工作带来十分有利的条件。虽然中国住宅建设和家具工业在管理系统、投资等方面还没统一，但随着住宅商品化的逐步实现，住宅设计一定会朝着更理想的系列化、统一化方向发展。

（三）空间使用灵活性

建筑空间的合理布局还要求考虑空间的灵活性，以适应现代生活的多变性。不同时期建筑有不同的使用要求，应当在宏观经济分析的指导下强调空间的灵活性，以获得建筑的长期效益。

1. 灵活的功能布局

住宅建筑在中国的建筑总量中占很大比例，住宅的合理设计及使用具有重要的经济性作用。中国家庭发展过程中不断改变的居住需求不能像西方国家一样通过频繁而方便地更换住宅来满足，因此，在住宅设计中应当考虑适应不同时期需求的灵活性。未来的居住建筑将向可变性、实用性、开放性的方向发展。可变性住宅中，门、窗、厨、卫、阳台等的设计是统一标准化布置的，其余的则留给居住者自己去完成。这样，居住者就可以根据个人的喜好对住宅的室内空间进行灵活的布置。例如，利用隔断和活动门随意改变住房的整体和内部格局，以及利用拆装式家具改变室内布局等，使住宅更符合起居和生活需要。

2. 多功能的空间组织

随着城市化进程的加速，人们对建筑的使用要求也日益变化。为适应经济、社会、环境的新需求，建筑必然要向多功能空间的方向发展，应通过建筑内部各组成部分之间的优化组合，使它们共存于一个完整的系统之中。多功能的系统化组合，可以避免建筑单一功能的局限，创造更为广泛和优越的整体功能。

就目前状况而言，为了节约建筑用地和充分利用建筑空间，具备多种功能的建筑更能满足人们的需要，例如，居住建筑中功能齐全、户内灵活隔断的住宅，公共建筑中集文化、娱乐、休息等于一体的多功能建筑，工业建筑中的灵活车间、通用车间、多功能车间等。现在我们经常可以看到地下部分为停车场，底层和裙房布置商店、餐厅、银行和娱乐设施，中层部分为办公用房，上部为公寓、旅馆的多功能大厦。

3. 空间的多功能使用

空间的多功能使用例子有会议厅、宴会厅、小餐厅、舞厅、展厅、室内运动场、集会厅、避难中心等，又例如人防工程在平时与战时有不同用途，等等。

（四）空间舒适性

建筑的适用性原则是不变的，但其内容是发展的。舒适是更高层次上的适用，为满足现代人的心理需要，现代的建筑"适用"性更强调舒适性与愉悦性。随着人们生活水平的提高，人们对建筑使用的舒适性提出了更高的要求，越来越多的建筑开始逐步改善其室内使用环境的舒适度。经济性和舒适性的标准有着密切的关系，如果为了降低建筑成本而压缩建筑面积或者降低建筑标准，虽然减少了一时的成本支出，却导致建筑在使用要求上也随之降低，并没有达到设计上的经济要求。我们所提倡的设计经济，是在不降低舒适标准的前提条件下降低成本。在设计过程中，只有把成本和舒适标准统一起来综合考虑，才能够实现设计上的经济性。同时，在设计中也要考虑建筑在整个寿命期间的舒适标准和成本。

1. 适宜的空间尺度

建筑设计要确保建筑经济性与舒适性的合理结合。空间尺度不宜过大，应以适宜为标准。建筑物的层高在满足建筑使用功能的条件下应尽可能地降低。据有关资料分析，层高每降低 10 cm，可减少投资约 1%，增加建筑面积 1 ~ 3 m²。在不降低卫生标准和功能要求的前提下，降低层高可缩短建筑之间的日照及防火距离，节约用地，还可减少墙体材料用量，降低工程造价和减少能耗，减轻建筑自重，从而有效地降低工程造价。多层住宅房屋前后间距一般大于房屋栋深，有时降低层高可以比单纯地增加层数带来更为有效的节地效果。可见，适当降低房间高度有很大的经济意义。以住宅为例，建筑层高（多层）与造价关系见表 6-2，从表中可以看出，造价随层高增加而增加。层高的最佳选择，国内目前偏高，多为 2.68 ~ 2.88 m，而国外相对偏低，多为 2.2 ~ 2.4 m。寒冷地区的住宅，通过适当降低层高，可以减少外墙面积，减少冬季热损失，同时使室内热空气分布也更均匀。

表 6-2　建筑层高（多层）与造价关系

层高 / m	3.6	4.2	4.8	5.4	6.0
造价比	100	108	117	125	133

降低层高带来的经济效益是显著的，但是室内空间高度过低会导致居住的压抑感。因此，降低层高要适度，并可将节约的投资用于扩大面积，因为面积加大、空气量不变，降低层高也不一定会妨碍室内的采光，且降低层高所带来的一些压抑感也会因空间比例的调整带来的宽敞感而有所抵消。在小面积住宅中降低层高之后，可以通过采用以下措施来消除空间压抑感：加大窗户尺寸，采用不到顶的半隔断来扩大视野，减少空间阻塞；尽量减少墙面水平划分，避免采用各种线脚；适当降低窗台以及踢脚线高度；在户内过道或居室进门位置上部设置吊柜，通过空间对比给人以开敞的感觉；改变墙面颜色、室内采用顶灯或壁灯等方法也有助于增加亮度和开阔感，消除压抑感。普通住宅层高宜为 2.8 m，这个尺寸是含楼板厚度的，这个高度可以在保证居住舒适度的基础上，最大程度地节约能源。

2. 低能耗高舒适度

高舒适度就是健康舒适程度，包括人体健康所要求的合理的温度（20 ~ 26℃）、湿度（40% ~ 60%RH）、空气质量、光环境质量、噪声环境质量、卫生条件等。要实现这些目标，就必然要增加成本，消耗更多的能源。为节约能源并同时保证健康舒适的居住条件，就必须走高舒适度、低能耗的可持续发展之路。

保证空间的舒适度就要保证良好的热环境、气环境、声环境和光环境等。中国大部分冬冷夏热地区住宅的总体规划和单体设计中，都要尽量做到为住宅的主要空间争取良好朝向，满足冬季的日照要求，充分利用天然能源。这是改善住宅室内热环境最基本的设计，也是最基本的节能措施。对能源的有效利用有多种考虑，一是减少能源消耗，二是对能源的利用按阶段、有计划地实施，以更有效地利用资源。

三、结构选型合理

随着科学技术的迅速发展，结构形式逐渐向"轻型、大跨、空间、薄壁"的方向发展，由一般的梁柱式结构向板梁合一、板架合一的板型结构和薄壁空间结构过渡，过去广泛采用的梁板结构也逐渐被壳体（薄壳）结构、折板结构、悬索结构、板材结构（单T板、双T板、空心板）所代替。采用先进的结构形式和轻质高强的建筑材料，对减轻建筑物的自重，提高设计方案的经济性有很大的作用。但是，建筑创作的新概念不能脱离现实，建筑结构的设计要结合建材工业的发展，并对新材料、新设计进行经济分析。选择合理的结构形式，不仅能够满足建筑造型及使用功能的要求，还能达到受力的合理完善及造价的经济。

（一）合理的结构体系

结构上的合理性已经不仅仅意味着只需保证结构安全性，人们对结构设计提出了更高层次上的"科学"要求。结构在保证安全可靠的前提下，还要满足受力合理、节约造价的要求。结构的合理性体现的是建筑的内在美，结构受力的科学合理是与建筑的外形美观相一致的。考虑结构与形式间的关系问题，还必须结合合理的结构传力系统和传力方式，以符合逻辑的结构形式来表达建筑的美。受力合理一向是结构设计中追求的目标，简洁合理的传力系统可以避免增加不必要的传递构件和附属建筑空间。受力的科学性在很大程度上取决于设计者对结构受力情况的了解。因此，设计者对建筑结构中各部分受力的性质和大小，可能产生的结构组合、效应、结构的特点，以及产生某种效应时起控制作用的结构部位等，都应有系统的概念与了解。

（二）与功能相结合

在建筑的空间围合中，当结构覆盖的空间与建筑实际应用所需的空间趋于一致时，可以大大提高空间的利用率，并减少照明、供暖、通风、空调等设备方面的负荷。一般常见的长方体空间能够比较容易地与其所采用的承重墙、框架结构等结构形式取得协调，但是对于大体量的建筑空间或是变化丰富的建筑空间来说，结构空间与实际使用空间的充分结合就相对困难。此时就更应当认真考虑空间的形状、大小和组合关系等因素，灵活使用各种建筑结构形式，力求结构空间与使用空间的协调一致。例如，日本东京代代木室内体育馆（图6-5）就是一座将功能、结构、技术、艺术巧妙结合的名作，其新颖的外观及经巧妙处理的室内空间都获得了建筑界的高度评价。

图6-5　日本东京代代木室内体育馆

（三）减少结构体系所占面积

合理的结构体系要求以较少的材料去完成各种功能要求的建筑，在保证安全的前提下尽量减少实体所占面积。中国曾经出现过结构设计中的"肥梁、胖柱、深基础"现象，现在有些钢筋混凝土高层建筑中的用钢量已经超过国外同等高度钢结构的用钢量。如果为满足坚固性而盲目地加大构件截面、增加材料用量，就会造成不必要的浪费，不能够达到经济、合理的标准。

结构和材料的合理运用是节约空间的有效手段。按照建筑各层荷载的大小，尽可能地减薄墙身、减少结构自重，可以节约基础用料。在建筑及结构布置时，应尽量使各种构件的实际荷载接近定型构件的荷载级别，充分发挥材料强度，减少建筑自重。

例如，与钢结构相比，钢筋混凝土结构坚固耐久，强度、刚度较大，便于预制装配，采用工业化方法施工能加快施工速度，能有效地节省钢材和木材，降低成本，提高劳动生产率，具有良好的经济效益。而钢结构自重轻、强度高，用钢结构建造的住宅自重是钢筋混凝土住宅的二分之一左右。因此，跨度较小的多层建筑采用钢筋混凝土结构较为经济；当跨度较大时，混凝土结构的自重占承受荷载的比例很高，此时用钢筋混凝土结构就不一定经济了。

钢结构占有面积小，可以增加使用面积，满足建筑大开间的需要。高层建筑钢结构的结构占有面积只是同类钢筋混凝土建筑面积的28%。采用钢结构可以增加使用面积4%～8%，实际上增加了建筑物的使用价值，增加了经济效益。与普通混凝土结构相比较，钢结构更能增加使用面积，提高得房率。一般来说，钢结构可以增加8%～12%的使用空间，其建筑面积和使用面积比例可以达到1∶9.2左右，而普通结构大约为1∶8.5或1∶7.5。钢结构的可塑性还可以使室内空间具备更大的灵活性，充分甚至超值发挥空间的利用率。普通砖混结构中，上下层墙体必须相互对应，而钢结构的采用可以使不同的楼层墙体自由组合，可以更为合理地布置空间。由此可见，钢结构对提高综合经济效益的作用是显著的。在采用钢结构时，也应对钢材的形状、厚度、重量和性能数据有所掌握，从而进行合理设计，正确确定构件的形式和截面尺寸，采用经济的结合方法，节约钢材用量，力求使建筑设计方案满足结构的合理性。

四、因地制宜选用建筑材料

随着时间的推移，建筑在时间和地域上都有了很大的发展。从最初的使用天然材料搭建房屋，到熟练运用各种构配件建造住所，再发展到由专业人员设计住宅，我们可以看出，建筑的进化演变，是材料、工艺技巧和客观经济条件之间相互作用的结果。科学技术的发展为建筑设计带来前所未有的创新领域，新材料、新工艺、新技术实现了建筑的现代化与形式的多样化，建筑材料逐渐向轻质、高强、多功能、经济与适用的方向发展。建筑的结构形式对建筑经济性有着直接的影响，而建筑材料和建筑技术的发展则直接决定了结构形式的发展。

随着可供人们使用的材料范围越来越广，人们对各种材料性能的了解也更加全面广泛，材料已经越来越能够被人们更加经济地使用。建筑师应当能够根据不同的气候及环境条件，灵活经济地选用建筑材料及设备。选择材料及形式时，应根据建筑的规模、类型、结构、使用要求、施工条件和材料供应等情况，全面综合考虑，选择最适宜的建筑材料。在保证坚固、适用的前提下，注重用料的节约，并尽量利用地方性的轻质、高强、廉价的材料，保证技术上的可能性与经济上的合理性。

经济合理地选择建筑材料和技术，才能既使建筑物达到功能的合理使用，又降低建筑造价。建筑的经济性既可以从对材料更好地开发利用中获得，也可以从新型材料的使用中获得，还可以从标准化和材料构配件尺寸的一致上获得，根据不同的实际条件可以采用不同的材料使用方案。

（一）充分发挥材料特性

在材料的选择上，仅考虑其价格是不够的，还应考虑其特性并让其作用充分发挥出来。中国古代建筑使用木结构，通过合理地选择建筑结构及形式，能够将木材的特性发挥到极致。

（二）合理运用新型材料

传统的建筑材料一般体量较大，较沉重，形状及大小多变。由于传统材料缺乏规则性和均匀性，给技术的发展带来一定的阻碍。因此，虽然传统材料本身价格较低，但在使用上却需花费较多的人力和资金。为了有效降低建筑工程造价，材料品种范围的扩大和材料的标准化成为迫切的需要。新材料的不断发展显示出其广泛的适应性，它们一般比传统材料更轻、更规则、质地更均匀。新型建筑材料能够适用于更广泛的设计之中，解决更多的设计问题，而且在材料的使用上比传统材料更方便，造价更低。

新型的建筑材料既可以改善建筑的使用功能，便于施工，还能够减少维修费用。使用越灵活、运用范围越广的建筑材料，对建筑成本的限制越小，例如，现代建筑中广泛运用的钢材和混凝土；而使用范围越窄的材料，建筑成本也就越高。新型建筑材料的开发促进建筑生产技术的飞速发展，钢索、钢筋混凝土等作为建筑的承重材料，突破了土、木、砖、石等传统材料的局限性，为实现大跨、高层、悬挑、轻型、耐火、抗震等结构形式提供了可能性。一项工程的建成需要大量的建筑材料，对一般的混合结构来说，如果采用轻质、高强度的建筑材料，建筑自重可减轻 40%～60%，可以节省大量材料及运费，还可以减少建筑用工量，加快建设速度、降低工程造价。

建筑技术的改良和材料的进一步发现和利用，不仅使得建筑设计具备更大的灵活性，而且也可以使材料本身的使用变得更经济。例如，钢筋混凝土作为两种材料的有效结合，充分利用了混凝土的受压性能和钢筋的受拉性能，使材料实现了受压和受拉性能的平衡，但是只有在产生挠度、混凝土裂开时，钢筋才能充分发挥作用。预应力钢筋混凝土是钢筋混凝土的进一步发展，它将材料的被动结合转化为主动结合，具有强度大、自重轻、抗裂性能好等优点。材料性能的高效结合使结构能够更好地控制应力、平衡荷载和减少挠度，可以在许多情况下代替钢结构。预制混凝土构件可以加快施工速度，虽然结构构件较为昂贵，但是只要通过精心设计，使其最大程度、最有效地发挥作用，还是经济可行的。预应力平板可以比普通钢筋混凝土平板更薄或者可以达到更大的跨度，因此，在跨度较大时使用预应力技术更为经济。

（三）充分运用地方材料

在建筑活动中巧妙地利用当地建筑材料，展现材料真实的特性，不仅可以使建筑具有独特的地方特色，还可大大地节省运输量，有效地降低造价。

五、选择合理的建造方案

不同的工艺要求反映在结构设计中差别很大，不同的施工方法导致截然不同的建筑处理。结构设计时，不仅要根据材料的特性进行设计，还要考虑现场施工条件的可能性。

例如，从经济方面比较，采用整体现浇的施工方法，施工费用较大，但是建筑整体性较好；采用预制式装配，施工费用较小，建筑整体性却较差。从构造形式来看，现场浇筑模板的尺寸大小会影响墙面的肌理效果，而且间断施工浇筑会导致不同部位间的连接产生问题；采用预制式装配方式，会出现构件间的连接，搬运吊装、容差裂缝，固定等问题。能否采用合理的构造处理方式，对建筑的细部以及整体形式效果都有很大的影响。无论是从经济的角度出发，还是从构造形式的角度出发，建筑设计都要综合考虑现场施工的便利性。

例如，大部分钢结构的构配件都是在工厂制作好之后运到工地进行安装的。这种工艺对运输、安装设备要求较合理，施工费用较省。但对某些用钢量较大的结构来说，在结构设计中还应注意对构件的合理分段。分段太多则节点材料用量就多，分段太少则会造成主体材料利用率降低，都会降低结构的经济性。因此，在分段时应根据结构内力的变化，兼顾施工方便，充分利用设备的功能，以尽可能发挥材料的强度。

还有一些大型钢结构建筑采用现场拼焊后整体吊装，或是局部拼焊后大件吊装的施工方法。虽然这种施工方法可以节约不少节点的用钢量，但是由于其场地要求较高，设备复杂，体量较大，如果设备重复使用率较低的话往往也是不经济的。因此，对于这类结构设计，就必须特别处理好钢材的交叉焊缝以及整体起吊吊点，起吊时塔脚支承铰接点等问题。

第三节 绿色建筑与建筑经济性

一、绿色建筑概念及设计原则

谈到建筑的经济性，必然会谈到绿色可持续建筑设计。绿色建筑的定义是在建筑的全寿命周期内，最大程度地节约资源（节能、节地、节水、节材），保护环境和减少污染，为人们提供健康、适用和高效的使用空间，与自然和谐共生的建筑。

绿色建筑设计有两个特点：一是在满足建筑物的成本、功能、质量、耐久性要求的基础上，同时考虑建筑物的环境属性，也就是还要达到节能减排的要求；二是绿色建筑设计时所需要考虑的时间跨度较大，甚至涵盖建筑的整个寿命周期。

绿色建筑设计的四项原则（图6-6）如下。

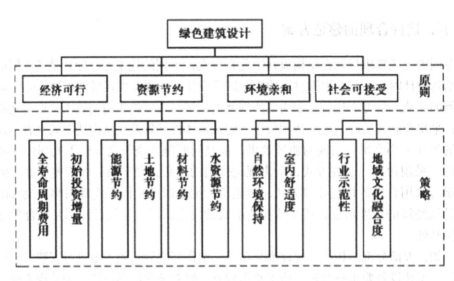

图6-6　绿色建筑设计原则

1.经济可行原则。绿色建筑设计若在经济评价上不尽如人意，那么无论它在其他方面有多么出色，也无法得到决策者的青睐。因此，经济可行是建筑设计的基本原则。

2. 资源利用原则。建筑的建造和使用过程中涉及的资源主要包括能源、土地、材料和水。注重资源的减量、重用、循环和可再生，是绿色建筑设计中资源利用的相关原则，每一项都必不可少。

3. 环境亲和原则。建筑领域的环境涵盖了建筑室内外环境，环境亲和就是说绿色建筑设计要满足室内环境的舒适度需求，还要保持室外的生态环境。

4. 社会可接受原则。优良的绿色建筑设计应该具有行业示范性，并且设计中能够尊重传统文化发扬地方历史文化，注意与地域自然环境的结合，从而提高社会认可度。

二、绿色建筑技术

绿色建筑技术属技术学研究范畴，它不是独立于传统建筑技术的全新技术，而是用"绿色"的眼光对传统建筑技术的重新审视，是传统建筑技术和新的相关学科的交叉与组合，是符合可持续发展战略的新型建筑技术。它涉及施工、采暖、通风、给排水、照明、能源、建材、日用电器、设备、热工、计算机应用、环境、检测等多方面的专业内容。绿色建筑技术是针对现阶段建筑存在的耗能大，对人们身体健康不利等问题提出的。所谓绿色建筑技术，是指应用这一技术建造的建筑，拥有健康、舒适的室内环境，与自然环境协调、融合、共生，在其全寿命周期的每一阶段中，对自然环境可以起到某种程度的保护作用，协调人与自然环境之间的关系。

（一）绿色建筑节能技术

绿色建筑节能技术即是使建筑节约能源的绿色建筑技术。

随着新能源时代的到来，人们对能源危机的紧迫感越来越强，节约能源已成为人们越来越关注的话题，建筑业对能源的可持续发展也是有影响的。

建筑能耗不仅是建筑生产过程的能耗，还包含建筑消耗过程的运行能耗。中国对建筑节能指标也做了调整，新建的建筑要实行节能 50% 的设计标准，直辖市以及北方严寒和寒冷地区的重点城市运行节能 65%。同时，许多地区对已建建筑进行节能整修以达到一定目标的节能减排任务。节能已被人们提上了重要的议事日程，全世界各地都在谋求在建筑上采用节能技术以实现整个能源节约的目标，从而缓解不断紧张的能源问题。在建筑全寿命周期中，应推进绿色建筑技术革新，推广节能建筑，借以达到绿色建筑节能减排的要求，实现建筑业可持续发展的目标。目前对于建筑节能技术的发展已经取得一定的成效，如住宅围护结构节能设计，能达到比传统住宅节约能耗 25%；空调暖气的改造，将空调负荷降低 40% ~ 50%，这些绿色建筑节能技术正改变着人们的生活。

绿色建筑节能技术涉及领域广，包含建筑技术、材料技术、能源技术、仿生技术、智能技术等，也遍布于设计、施工等多个部门政策法规中，是一项全方位的、综合型的系统工程。绿色建筑节能技术中的许多技术现在也普遍应用于建筑建设中，著名的案例有英国建筑研究院（BRE）的节能办公室，这些尝试和变化证明了建筑节能可持续发展是可以达到的。

（二）绿色建筑节地技术

绿色建筑节地技术即是节约土地资源的绿色建筑技术。土地一直是人类社会文明产生、发展、延续的载体，实现其合理利用，一直是解决人类社会生存与发展的重要命题。随着人口的增长及建筑业的发展，将不可避免地占用一部分耕地，会使得人地矛盾日益突出。目前，中国在使用土地资源时，常出现盲目扩张城市规模、土地空间利用结构不合理、土地利用效率及开发强度低等问题。绿色建筑节地技术的内容如表6-3所示。

表6-3　绿色建筑节地技术内容

分类		技术	技术内容
绿色建筑技术	绿色建筑节地技术	建筑设计	1. 使用寿命：按照国家规定的年限设计，还可以适当增加，不仅需满足结构上的要求，还需满足使用要求
			2. 地下室、地下车库：提高地下使用空间或地下停车率
			3. 建筑密度、容积率：增加居住空间
		城市规划	1. 发展规模、开发强度：开发规模合理，开发强度合理，减少空置率；盘活存量
			2. 新城建设与老城改造
			3. 功能分布：单一功能分布设计向复合型发展
		新型墙体材料	用煤矸石、石煤、粉煤灰、采矿和选矿废渣、冶炼废渣、建筑垃圾等砌体砖来替代黏土砖

（三）绿色建筑节水技术

绿色建筑节水技术即是节约建筑物使用水资源的绿色建筑技术。在水资源方面，中国人均淡水拥有量为2 200 m³，只占世界人均水平的四分之一，是人均水资源严重匮乏的国家；在水资源消耗方面，城市供水管网损失率达到25%左右，节水器具的使用并不普及，卫生器具的耗水量比发达国家高30%以上；城市污水再利用率为15.2%，仅为发达国家的四分之一。发展推广绿色建筑节水技术是符合中国建设资源节约型、环境友好型社会的战略国策的。《绿色建筑评价标准》中也指出了建筑节水与水资源利用的相关指标，建筑节水技术是达到这些相关指标的关键。绿色建筑节水技术的核心是提高节水率和非传统水源的利用，同时保障不同水质等级的用水安全。中国对节水技术的试验研究起步较晚，随着城市用水的日益紧张，很多地区也开始尝试使用各种节水技术，如中水技术、雨水的收集与利用、节水器具等，建筑节水相关的研究也丰富起来。

绿色建筑节水技术的内容如表 6-4 所示。

表 6-4 绿色建筑节水技术

分类		技术	技术内容
绿色建筑技术	绿色建筑技术	供水系统节水技术	1. 分水质供水：高质高用、低质低用 2. 避免管网漏损技术：注重管网附件、配件、设备等接口处 3. 限定给水系统出流水压：安装减压装置，合理设计配水点的水压 4. 降低热水供应系统无效冷水出流量：减少热水管线长度、热水循环系统、选择合适的调温系统 5. 使用节水器具 6. 防治二次污染：变频调速泵供水、独立的生活和消防水池
		中水处理与回收	中水系统：水质分析、中水处理工艺
		雨水收集与利用	1. 雨水收集与分散处理系统：屋顶、路面、绿地及透水性铺地等其他雨水收集方案； 2. 雨水集中收集与处理系统； 3. 雨水渗透系统：雨水间接利用

（四）绿色建筑节材技术

绿色建筑节材技术即是对建筑物材料的节约的绿色建筑技术。中国人均资源及能源的占有量相对贫乏，煤炭、石油、天然气、可耕地、水资源、森林资源的人均占有量仅为世界平均值的二分之一、九分之一、二十三分之一、三分之一、四分之一和六分之一。建筑材料又是建筑业发展的物质基础，据统计，在房屋建设过程中建筑材料占总成本的三分之二；每年建筑工程材料消耗占全国总消耗的比例是钢材占 25%，木料占 40%，水泥占 70%；中国水泥使用量长期处于世界第一。随着城市化进程的加快，建筑业对建筑材料的消耗量就更加巨大。我国建筑业正消耗巨大数量的物资资源，节约建筑材料作为建筑可持续发展的一部分，是绿色建筑技术的重要部分。

发展绿色建筑是人类实现可持续发展战略的重要举措，是大力推进生态文明建设的重要内容，是切实转变城乡建设模式和建筑业发展方式的迫切需要。但是，对于设计师而言，在发展现代绿色建筑技术时，也不应摒弃人类历史文明进程中探索发展的"原生态"绿色技术。它们也包含绿色环保的原理，对今天的设计师还是有所启发的，石垒墙、土坯墙、竹篾墙这一类的原理至今还在发扬光大。在中国，绝大多数建筑（特别是传统民居）基本上是"原生态"的绿色建筑。传统民居最适应当地的自然生态环境与社会环境，具有造价低廉、施工简便、节地、节材、节能、节水和保护生态环境等多方面的优点，它们是中国各族人民数千年建筑实践的生态智慧的结晶。

建筑设计是一个综合的系统工程，在不同的工作阶段（无论是建筑的前期策划、方案构思，还是方案设计以及技术深化的阶段），始终都贯穿着经济性的理念。重视建筑设计中的经济性理念，实行对建筑作品的优化，保障社会资源的充分合理利用，以求建筑作品的最大经济价值，不仅是评判建筑设计作品优劣的重要尺度，也是促进国民经济合理发展的关键环节。在建筑设计中，建筑师要根据经济现状及发展趋势，确定建筑的合理投入和建造所要达到的标准，合理控制建筑投资和建设规模，在达到建筑建设要求的基础上，利用有限的资源获得尽可能多的效益，使建筑达到经济性与艺术性的统一。

第七章　建筑平面及剖面设计

第一节　建筑平面设计

一、建筑平面设计概述

（一）建筑平面的形成

建筑平面表示的是建筑物在水平方向各部分的组合关系，并集中反映建筑物的使用功能关系，是建筑设计中的重要一环。因此，从学习和叙述的先后考虑，建筑设计首先从建筑平面设计的分析入手。但是在平面设计过程中，还需要从建筑三度空间的整体来考虑，紧密联系建筑剖面和立面，调整修改平面设计，最终达到平、立、剖面的协调统一。

建筑平面图是建筑设计的基本图样之一，也是建筑师的专业语言之一。由于设计阶段的不同，建筑平面图所表达的内容和深度也不相同，同样，由于图纸的比例不同，建筑平面图所表现的内容和深度也有所区别。但是，不论处于何种阶段和采用哪种比例，建筑平面图所表达的一个基本内容是永远不变的，那就是对立体空间的反映，而不单纯是平面构成的体系。

建筑平面图，一般的理解是用一个假想的水平切面在一定的高度位置（通常是窗台高度以上，门洞高度以下）将房屋剖切后，做切面以下部分的水平面投影图。其中，剖切到的房屋轮廓实体以及房屋内部的墙、柱等实体截面用粗实线表示，其余可见的实体，如窗台、窗玻璃、门扇、半高的墙体、栏杆以及地面上的台阶踏步、水池及花池的边缘甚至室内家具等实体的轮廓线则用细实线来表示，如图 7-1 所示。

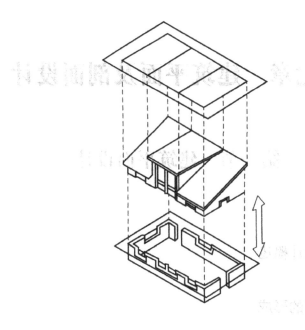

图 7-1　平面图的形成

　　图 7-2 是单元住宅的平面示意图，从该图中可以看到单元住宅的平面组合关系以及平面图的线形表达方法。

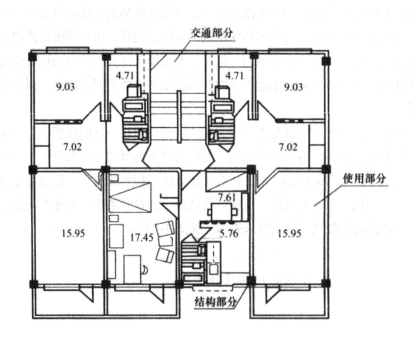

图 7-2　单元住宅平面示意图

（二）建筑平面组成及建筑面积

民用建筑设计所包含的空间设计可划分为主要使用房间的设计、辅助使用房间的设计以及交通联系空间的设计三大部分。

主要使用房间通常是指在建筑中起主导作用，决定建筑物性质的房间。民用建筑的使用房间是随建筑功能的变化而变化的，这无疑增加了平面设计的难度，但也为设计的多样化提供了条件。

辅助使用房间主要是为房间的使用者提供服务的，属于建筑物的次要部分，如卫生间、厨房、库房、配电房、机房等。

交通联系空间是联系建筑内部各房间之间、楼层之间和建筑内外的交通设施。它承担平时交通和紧急情况下疏散的任务，在设计时应慎重对待。交通联系部分主要由走廊、楼梯、门厅、过厅、电梯及自动扶梯等组成。

建筑面积由使用部分面积、交通联系部分面积、房屋结构构件所占面积三部分组成。使用部分面积是指除交通面积和结构面积之外的所有空间面积之和，包括主要使用房间和辅助使用房间的面积。交通联系部分面积称为交通系统所占的面积。房屋结构构件具有承重、围护和分隔的作用，是建筑平面的重要组成部分。在平面上主要有墙体、立柱等，这些构件也占有一定的面积。

建筑平面利用系数（K）数值上等于使用面积与建筑面积的百分比，即

$$K = \frac{使用面积}{建筑面积} \times 100\%.$$

注：使用面积是指除交通面积和结构面积之外的所有空间面积之和；建筑面积是指外墙包围的各楼层面积总和。

二、房间的平面设计

各种类型的建筑按使用功能一般可以归纳为主要使用空间、辅助使用空间和交通联系空间，通过交通联系空间将主要使用空间和辅助使用空间联成一个有机的整体。主要使用空（房）间，如住宅中的起居室、卧室，学校建筑中的教室、试验室等；辅助使用空（房）间，如厨房、厕所、储藏室等。交通联系空间是建筑物中各个房间之间、楼层之间和房间内外联系通行的面积，即各类建筑物中的走廊、门厅、过厅、楼梯、坡道以及电梯和自动扶梯等所占的面积。

（一）主要使用空间的设计

l. 主要使用空间的分类

从房间的使用功能要求来分，主要使用空间主要有如下三种。

（1）生活用房间。如住宅的起居室、卧室；宿舍和宾馆的客房，等等。

（2）工作、学习用房间。如各类建筑中的办公室、值班室，学校中的教室、试验室，等等。

（3）公共活动房间。如商场中的营业厅，剧场、影院的观众厅、休息厅，等等。

上述各类房间的要求不同，如生活、工作和学习用房间要求安静、朝向好，公共活动房间人流比较集中，因此，室内活动组织和交通组织比较重要，特别是人员的疏散问题较为突出。

2. 主要使用空间的设计要求

（1）房间的面积、形状和尺寸要满足室内使用、活动和家具、设备的布置要求。

（2）门窗的大小和位置，必须方便出入房间，疏散安全，采光、通风良好。

（3）房间的构成应使结构布置合理、施工方便，要有利于房间之间的组合，所用材料要符合建筑标准。

（4）要考虑人们的审美要求。

3. 空间面积的确定

空间面积与使用人数有关。通常情况下，人均使用面积应按有关建筑设计规范确定。下面是住宅建筑、办公楼、中小学、幼儿园的一些面积指标。

（1）住宅建筑

根据《住宅设计规范》（GB 50096-2011），住宅套型及房间的使用面积应不小于表 7-1 的规定。

表 7-1 住宅套型及房间的使用面积

套型及房间	使用面积不应小于 / m^2
由卧室、起居室（厅）、厨房和卫生间等组成的住宅套型	30
由兼起居的卧室、厨房和卫生间等组成的住宅最小套型	22
双人卧室	9
单人卧室	5
起居室（厅）	10
由卧室、起居室（厅）、厨房和卫生间等组成的住宅套型的厨房	4
由兼起居的卧室、厨房和卫生间等组成的住宅最小套型的厨房	3.5
设便器、洗面器的卫生间	1.8
设便器、洗浴器的卫生间	2
设洗面器、洗浴器的卫生间	2
设洗面器、洗衣机的卫生间	1.8

（2）办公楼

办公楼中的办公室按人均 3.5 m² 使用面积考虑，会议室按有会议桌每人 1.8m² 无会议桌每人 0.8 m² 使用面积计算。

（3）中小学

中小学中各类房间的使用面积指标分别是普通教室为 1.1 ~ 1.2 m²/人、试验室为 1.8 m²/人、自然教室为 1.57 m²/人、史地教室为 1.8 m²/人、美术教室为 1.57 ~ 1.80 m²/人、计算机教室为 1.57 ~ 1.80 m²/人、合班教室为 1.0 m²/人。

（4）幼儿园

幼儿园中活动室的使用面积为 50 m²/班，寝室的使用面积为 50 m²/班，卫生间为 15 m²/班，储藏室为 9 m²/班，音体活动室为 150 m²，医务保健室为 12 m²/班，厨房使用面积为 100 m² 左右。

4. 房间的形状和尺寸

房间的平面形状和尺寸与室内使用活动特点、家具布置方式以及采光、通风等因素有关。有时还要考虑人们对室内空间的直观感觉。住宅的卧室、起居室，学校建筑的教室、宿舍等房间，大多采用矩形平面的房间，如图 7-3 所示。

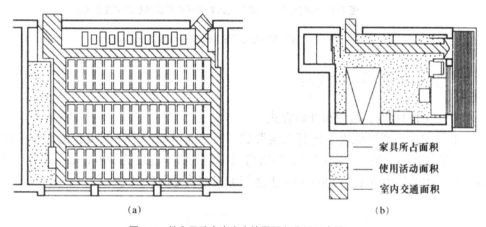

	家具所占面积
	使用活动面积
	室内交通面积

（a）　　　　　　　　　　　　（b）

图 7-3　教室及卧室中室内使用面积分析示意图

（a）教室；（b）卧室

在决定矩形平面的尺寸时，应注意宽度及长度尺寸必须满足使用要求和符合模数的规定。以普通教室为例，第一排座位距黑板的最小距离为 2 m，最后一排座位距黑板的距离应不大于 8.5 m，前排边座与黑板远端夹角控制在不小于 30°（图 7-4），且必须注意从左侧采光。另外，教室宽度必须满足家具设备和使用空间的要求，一般常用 6.0 m×9 m ~ 6.6 m×9.9 m 的规格。办公室、住宅卧室等房间，一般采用沿外墙短向布置的矩形平面，这是综合考虑家具布置、房间组合、技术经济条件和节约用地等多方面因素决定的。常用开间进深尺寸为 2.7 m×3 m、3 m×3.9 m、3.3 m×4.2 m、3.6 m×4.5 m、3.6 m×4.8 m、3 m×5.4 m、3.6 m×5.4 m、3.6 m×6.0 m 等。

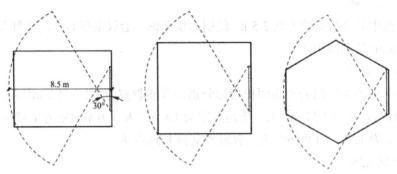

图 7-4　教室中基本满足视听要求的平面范围和形状的几种可能

　　剧院观众厅、体育馆比赛大厅，由于使用人数多，有视听和疏散要求，常采用较复杂的平面。这种平面多以大厅为主（图 7-5），附属房间多分布在大厅周围。

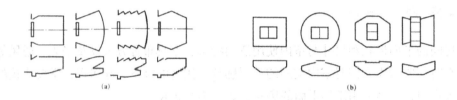

图 7-5　剧院观众厅和体育馆比赛大厅的平面形状及剖面示意图

（a）剧院观众厅；（b）体育馆比赛大厅

5.门窗在房间平面中的布置

（1）门的宽度、数量和开启方式

①门的最小宽度取决于通行人流股数、需要通过门的家具及设备的大小等因素（图 7-6）。如住宅中，卧室、起居室等生活房间，门的最小宽度为 900 mm；厨房、厕所等辅助房间，门的最小宽度为 700 mm（上述门宽尺寸均是洞口尺寸）。

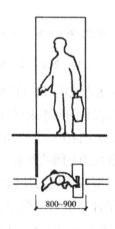

图 7-6　住宅中卧室、起居室的门的宽度（单位：mm）

②对于室内面积较大，活动人数较多的房间，必须相应增加门的宽度或门的数量。当室内人数多于 50 人，房间面积大于 60 m² 时，按《建筑设计防火规范》（GB 50016-2014）规定，最少应设两个门，并放在房间的两端。对于人流较大的公共房间，考虑到疏散的要求，门的宽度一般按每 100 人取 600 mm 计算。门扇的数量与门洞尺寸有关，一般 1 000 mm 以下的设单扇门，1 200 ~ 1 800 mm 的设双扇门，2 400 mm 以上的宜设四扇门。

③门的开启方式。一般房间的门宜内开；影剧场、体育馆观众厅的疏散门必须外开；会议室、建筑物出入口的门宜做成双向开启的弹簧门。门的安装应不影响使用，门边垛最小尺寸应不小于 240 mm。

（2）窗的大小和位置

窗在建筑中的主要作用是采光与通风。其大小可按采光面积比确定。采光面积比是指窗口透光部分的面积和房间地面面积的比值，其数值必须满足表 7-2 的要求。

表 7-2　民用建筑中房间使用性质的采光等级和采光面积

采光等级	采光工作特征		房间名称	天然照度系数	采光面积比
	工作或活动要求的精确程度	要求识别的最小尺寸 /mm			
I	极精密	< 0.2	绘画室、制图室、画廊、手术室	5 ~ 7	20 ~ 33
II	精密	0.2 ~ 1	阅览室、医务室、专业试验室	3 ~ 5	17 ~ 25
III	中等精密	1 ~ 10	办公室、会议室、营业厅	2 ~ 3	12.5 ~ 17
IV	粗糙	> 10	观众厅、休息厅、厕所等	1 ~ 2	10 ~ 12.5
V	极粗糙	—	储藏室、门厅走廊、楼梯间	0.25 ~ 1	10 以下

为满足室内通风要求，应尽量做到有自然通风，一般可将窗与窗或窗与门对正布置，如图 7-7 所示。

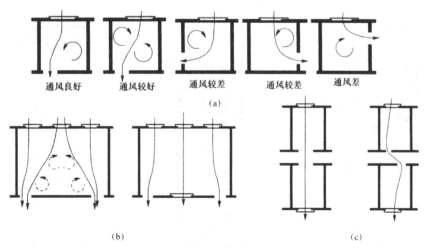

图 7-7　门窗的相互位置

（a）一般房间门窗相互位置；（b）教室门窗相互位置；（c）风廊式平面房间门窗相互位置

（二）辅助空间的平面设计

建筑物的辅助空间主要包括厕所、盥洗室、厨房、储藏室、更衣室、洗衣房、锅炉房等。

1. 厕所、盥洗室

在建筑设计中，根据各种建筑物的使用特点和使用人数的多少，先确定所需辅助空间的个数。根据计算所得的设备数量，考虑在整幢建筑物中厕所、盥洗室的分布情况，最后在建筑平面组合中，根据整幢房屋的使用要求，适当调整并确定这些辅助房间的面积、平面形式和尺寸，如图 7-8 所示。一般建筑物中公共服务的厕所应设置前室（图 7-9），这样使厕所既较隐蔽，又有利于改善通向厕所的走廊或过厅处的卫生条件。

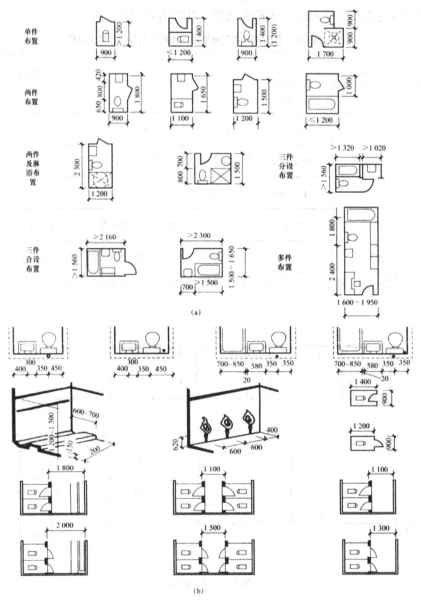

图 7-8　辅助空间的面积、平面形式和尺寸

（a）卫生设备及管道组合尺寸；（b）公共卫生间通道尺寸

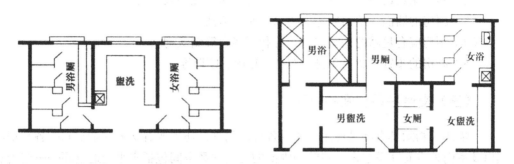

图7-9　公共卫生间布置举例

2. 厨房

厨房的主要功能是炊事，有时兼有进餐或洗涤功能。住宅建筑中的厨房是家务劳动的中心所在，所以厨房设计的好坏是影响住宅使用的重要因素。如图7-10所示，通常根据厨房操作的程序布置台板、水池、炉灶，并充分利用空间解决储藏问题。

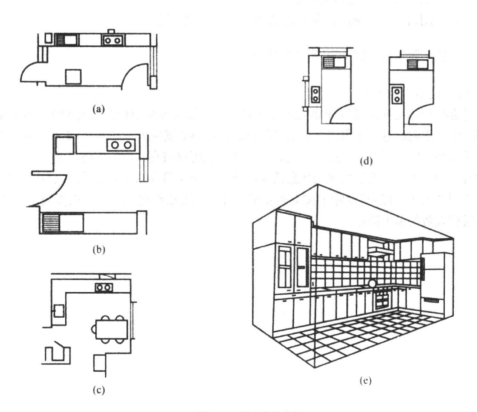

图7-10　厨房布置举例

（a）单排布置；（b）双排布置；（c）L形布置；（d）U形布置；（e）室内透视

厨房设计应满足以下要求。

（1）应有良好的采光和通风条件。

（2）厨房家具设备布置要紧凑，并符合操作流程和人们的使用特点。

（3）厨房的墙面、地面应考虑防水，便于清洁。

（4）厨房应有足够的储藏空间，可利用案台等储藏物品。

（5）厨房的布置形式有单排、双排、L形、U形等。

（三）交通联系空间的设计

一幢建筑物除具有满足使用功能的各种房间外，还需要有交通联系空间把各个房间之间以及室内外空间联系起来。建筑物内部的交通联系空间包括水平交通空间——走道；垂直交通空间——楼梯、电梯、自动扶梯、坡道；交通枢纽空间——门厅、过厅等。

1. 交通联系空间设计总的要求

（1）交通路线简洁明确，人流通畅，联系通行方便。

（2）紧急疏散时迅速和安全。

（3）满足一定的采光和通风要求。

（4）力求节省交通面积，同时综合考虑空间造型问题。

2. 各种交通联系空间平面设计的具体要求

（1）过道（走廊）

过道必须满足人流通畅和建筑防火的要求。单股人流的通行宽度为 550 ~ 600 mm。例如，住宅中的过道，考虑到搬运家具的要求，最小宽度应为 1 100 ~ 1 200 mm。根据不同建筑类型的使用特点，过道除了交通联系外，也可以兼有其他的使用功能。例如，学校教学楼中的过道，兼有学生课间休息活动的功能；医院门诊部分的过道，兼有病人候诊的功能（图 7-11）。过道宽度除了按交通要求设计，还要根据建筑物的耐火等级、层数和过道中通行人数的多少决定。

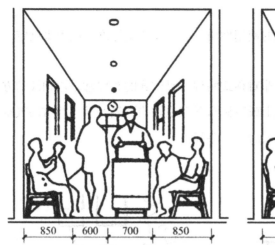

图 7-11 兼有候诊功能的过道宽度

一般民用建筑常用走道宽度都有常规的要求，当走道两侧布置房间时，学校为 2.10 ~ 3.00 m，门诊部为 2.40 ~ 3.00 m，办公楼为 2.10 ~ 2.40 m，旅馆为 1.50 ~ 2.10 m；作为局部联系或住宅内部走道宽度不应小于 0.90 m；当走道一侧布置房间时，走道的宽度应相应减小。

走道的采光和通风主要依据天然采光和自然通风。外走道由于只有一侧布置房间，可以获得较好的采光、通风效果。内走道由于两侧均布置有房间，如果设计不当，就会光线不足、通风较差，一般通过走道尽端开窗，利用楼梯间、门厅或走道两侧房间设高窗来解决。

（2）楼梯

楼梯是多层建筑中常用的垂直交通联系手段，应根据使用要求，选择合适的形式、布置适当的位置，根据使用性质、人流通行情况及防火规范，综合确定楼梯的宽度及数量，并根据使用对象和使用场合选择最舒适的坡度。

一般供单人通行的楼梯宽度应不小于 850 mm，双人通行为 1 100 ~ 1 200 mm。一般民用建筑楼梯的最小净宽应满足两股人流疏散要求，但住宅内部楼梯可减小到 850 ~ 900 mm。

（3）门厅、过厅

门厅作为交通枢纽，其主要作用是接纳、分配人流，室内外空间过渡及各方面交通（过道、楼梯等）的衔接。同时，根据建筑物使用性质不同，门厅还兼有其他功能，如医院门厅常设挂号、缴费、取药的房间，酒店门厅兼有休息、会客、接待、登记、售货等功能。除此之外，门厅作为建筑物的主要出入口，其不同空间处理可体现出不同的意境和形象，如庄严、雄伟与小巧、亲切等不同的气氛。因此，民用建筑中门厅是建筑设计重点处理的部分。

门厅的大小应根据各类建筑的使用性质、规模及质量标准等因素来确定，设计时可参考有关面积定额指标。

门厅的布局可分为对称式与非对称式两种。对称式的布置常采用轴线的方法表示空间的方向感，将楼梯布置在主轴线上或对称布置在主轴线两侧，具有严肃的气氛；非对称式门厅布置没有明显的轴线，布置灵活（图7-12）。

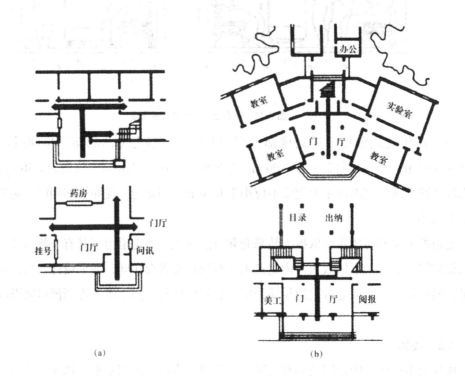

图7-12 建筑平面中的门厅设置

（a）非对称式；（b）对称式

楼梯可根据人流交通布置在大厅中任意位置，使室内空间富有变化。在建筑设计中，常常由于自然地形、布局特点、功能要求、建筑性质等各种因素的影响采用对称式门厅和非对称式门厅。

门厅的设计要求，首先，在平面组合中门厅应处于明显、居中和突出的位置，一般应面向主干道，使人流出入方便；其次，门厅内部设计要有明确的导向性，交通流线组织要简明醒目，减少人流相互干扰；再次，门厅还要有良好的空间气氛；最后，门厅作为室内过渡空间，应在入口处设门廊、雨篷。

过厅通常设置在走道与走道之间或走道与楼梯的连接处。它起交通路线的转折和过渡作用。为了改善过道的采光和通风条件。有时也可以在走道的中部设置过厅。

（4）门廊、门斗

在建筑物的出入口处，常设置门廊或门斗，以防止风雨或寒气的侵袭。开敞式的做法叫作门廊，封闭式的做法叫作门斗。

三、功能组织与平面组合设计

（一）功能组织原则

在进行平面的功能组织时，要根据具体设计要求，掌握以下几个原则。

l. 房间的主次关系

在建筑中由于各类房间使用性质的差别，有的房间处于主要地位，有的则处于次要地位，在进行平面组合时，根据它们的功能特点，通常将主要使用房间放在朝向好、比较安静的位置，以取得较好的日照和通风条件。公共活动的主要使用房间的位置应在出入和疏散方便、人流导向比较明确的部位（图7-13）。例如，学校教学楼中的教室、试验室等，应是主要的使用房间，其余的管理、办公、储藏、厕所等，属于次要房间。

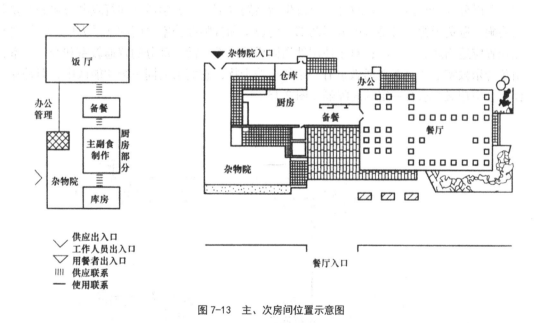

图7-13　主、次房间位置示意图

2. 房间的内外关系

在各种使用空间中，有的部分对外性强，直接为公众使用，有的部分对内性强，主要是内部工作人员使用。按照人流活动的特点，将对外性较强的部分尽量布置在交通枢纽附近，将对内性较强的部分布置在较隐蔽的部位，并使之靠近内部交通区域。如商业建筑营业厅是对外的，人流量大，应布置在交通方便、位置明显处，而将库房、办公等管理用房布置在后部次要位置（图7-14）。

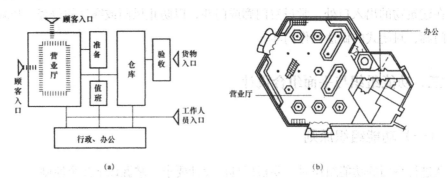

图7-14 某商店平面布置
(a) 功能分析；(b) 平面图

3. 房间的联系与分隔

在建筑物中，那些供学习、工作、休息用的主要使用部分希望获得比较安静的环境，因此，应与其他使用部分适当分隔。在进行建筑平面组合时，必须将组成建筑物的各个使用房间进行功能分区，以确定各部分的联系与分隔，使平面组合更趋合理。例如，学校建筑，可以分为教学活动、行政办公以及生活后勤等部分，教学活动和行政办公部分既要分区明确、避免干扰，又要考虑分属两部分的教室和教师办公室之间的联系方便，它们的平面位置应适当地靠近一些；对于使用性质同样属于教学活动部分的普通教室和音乐教室，由于音乐教室上课时对普通教室有一定的声响干扰，它们虽属同一个功能区中，但是在平面组合中却又要求有一定的间隔隔（图7-15）。

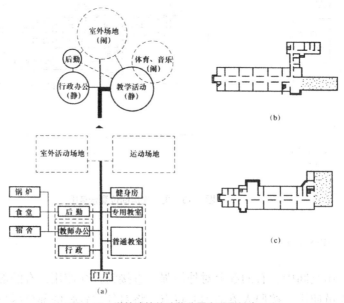

图7-15 学校建筑的功能分区和平面组合
(a) 中学的功能分区；(b) 教学楼以厅区分；(c) 声响较大的教室在教学楼尽端

4.房间使用顺序及交通路线的组织

在建筑物中，不同使用性质的房间或各部分，在使用过程中通常有一定的先后顺序，这将影响到建筑平面的布局方式，平面组合时要很好地考虑这些先后顺序，应以公共人流交通路线为主导线，不同性质的交通路线应明确分开。例如，火车站建筑中有人流和货流之分，人流又有问询、售票、候车、检票进入站台上车的上车流线，以及由站台经过检票出站的下车流线等（图7-16）；有些建筑物对房间的使用顺序没有严格的要求，但是也要设计好室内的人流通行面积，尽量避免不必要的往返、交叉或相互干扰。

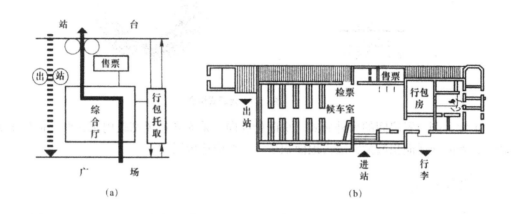

图7-16 平面组合房间的使用顺序

（a）小型火车站流线关系示意图；（b）400 人火车站设计方案平面图

（二）平面组合设计

l.走廊式组合

走廊式组合是通过走廊联系各使用房间的组合方式，其特点是把使用空间和交通联系空间明确分开，以保持各使用房间的安静和不受干扰，适用于学校、医院、办公楼、集体宿舍等建筑物中。

走廊两侧布置房间的为内廊式。这种组合方式平面紧凑，走廊所占面积较小，建筑深度较大，节省用地，但是有一侧的房间朝向差，走廊较长时，采光和通风条件较差，需要开设高窗或设置过厅以改善采光和通风条件，走廊式组合如图7-17所示。

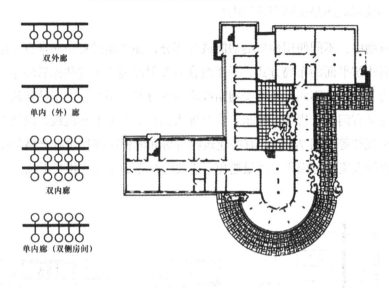

图 7-17　走廊式组合

走廊一侧布置房间的为外廊式。房间的朝向、采光和通风都较内廊式好，但建筑深度较小，辅助交通面积增大，故占地面积增大，相应造价增加。

2.单元式组合

单元式组合是以竖向交通空间（楼、电梯）连接各使用房间，使之成为一个相对独立的整体的组合方式，其特点是功能分区明确，单元之间相对独立，组合布局灵活，适应不同的地形，广泛用于住宅、幼儿园、学校等建筑组合中。图 7-18 为住宅单元式组合方式。

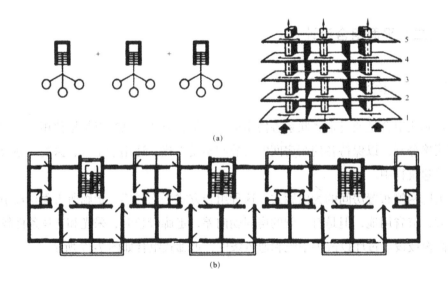

图 7-18　住宅单元式组合方式

（a）单元式组合及交通组织示意图；（b）组合单元

3. 套间式组合

套间式组合是将各使用房间相互串联贯通，以保证建筑物中各使用部分连续性的组合方式。其特点是交通部分和使用部分结合起来设计，平面紧凑，面积利用率高，适用于展览馆、商场、火车站等建筑物，如图 7-19 所示。

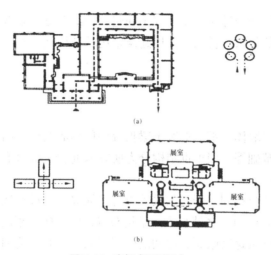

图 7-19　套间式平面组合

（a）串联式组合；（b）放射式空间组合

4. 大厅式组合

大厅式组合是在人流集中、厅内具有一定活动特点并需要较大空间时形成的组合方式。这种组合方式常以一个面积较大，活动人数较多，有一定的视、听等使用特点的大厅为主，辅以其他的辅助房间。例如，剧院、会场、体育馆等建筑物类型的平面组合，如图 7-20 所示。在大厅式组合中，交通路线组织问题比较突出，应保障人流的通行通畅安全、导向明确。

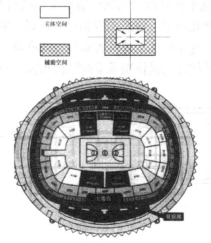

图 7-20　大厅式平面组合

以上是民用建筑常见的平面组合方式，在各类建筑物中，结合建筑物各部分功能分区的特点，也经常形成以一种结合方式为主、局部结合其他组合方式的布置，即混合式的组合布局。随着建筑使用功能的发展和变化，平面组合的方式也会有一定的变化。

（三）建筑平面组合与结构选型的关系

进行建筑平面组合设计时，要根据不同建筑的组合方式采取相应的结构形式来满足，以达到经济、合理的效果。目前，民用建筑常用的结构类型有三种，即墙承重结构、框架结构和空间结构。

1. 墙承重结构

墙承重结构是以墙体、钢筋混凝土梁板等构件构成的承重结构系统，建筑的主要承重构件是墙、梁板、基础等。墙承重结构分为横墙承重、纵墙承重、纵横墙混合承重三种。

（1）横墙承重

房间的开间大部分相同，开间的尺寸符合钢筋混凝土板的经济跨度时，常采用横墙承重的结构布置［图 7-21(a)］。横墙承重的结构布置，建筑横向刚度好，立面处理比较灵活，但由于横墙间距受梁板跨度限制，房间的开间不大，因此，适用于有大量相同开间，而房间面积较小的建筑，如宿舍、门诊部和住宅建筑。

（2）纵墙承重

房间的进深基本相同，进深的尺寸符合钢筋混凝土板的经济跨度时，常采用纵墙承重的结构布置［图 7-21（b）］。纵墙承重的主要特点是平面布置时房间大小比较灵活，建筑在使用过程中，可以根据需要改变横向隔断的位置，以调整使用房间面积的大小，但建筑整体刚度和抗震性能差，立面开窗受限制，适用于一些开间和尺寸比较多样的办公楼，以及房间布置比较灵活的住宅建筑。

（3）纵横墙混合承重

在建筑平面组合中，一部分房间的开间尺寸和另一部分房间的进深尺寸符合钢筋混凝土板的经济跨度时，建筑平面可以采用纵横墙承重的结构布置［图 7-21（c）］。这种布置方式，平面中房间安排比较灵活，建筑刚度相对也较好，但是由于楼板铺设的方向不同，平面形状较复杂，因此，施工时比上述两种布置方式麻烦。一些开间、进深都较大的教学楼，可采用有梁板等水平构件的纵横墙承重的结构布置［图 7-21（d）］。

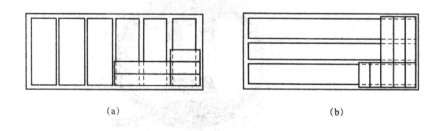

(a)　　　　　　　　　　　　　　　　　　(b)

图 7-21　墙体承重的结构布置

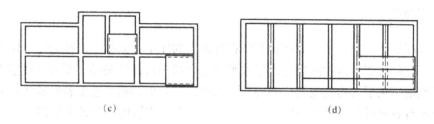

（a）横墙承重；（b）纵墙承重；（c）纵横墙承重；（d）纵横墙承重（梁板布置）

2. 框架结构

框架结构是以钢筋混凝土梁柱或钢梁柱连接的结构布置（图7-22）。框架结构布置的特点是梁柱承重，墙体只起分隔或围护的作用，房间布置比较灵活，门窗开置的大小、形状都较自由，但造价比墙承重结构高。在走廊式和套间式的平面组合中，当房间的面积较大、层高较高、荷载较重，或建筑物的层数较多时，通常采用钢筋混凝土框架或钢框架结构，如实验楼、大型商场、多层或高层酒店等建筑物。

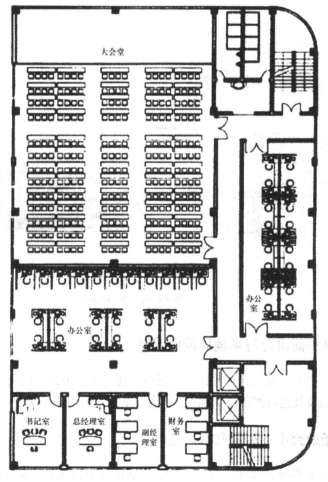

图 7-22　框架结构布置

3. 空间结构

在大厅式平面组合中，对面积和体积都很大的厅室，如剧院的观众厅、体育馆的比赛大厅等，它的覆盖和围护问题是大厅式平面组合结构布置的关键。新型空间结构的迅速发展，有效地解决了大跨度建筑空间的覆盖问题，同时也创造了造型各异的建筑形象。空间结构系统有各种形状的折板结构、壳体结构、网架壳体结构以及悬索结构等（图 7-23）。

（a）

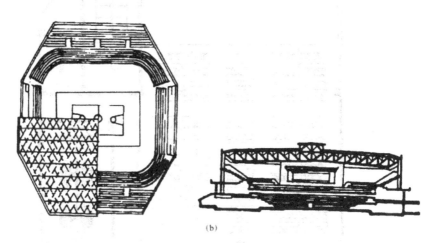

（b）

图 7-23　空间结构的建筑物

（a）薄壳结构；（b）网架结构

四、建筑平面组合与场地环境的关系

任何建筑物都不是孤立存在的，它与周围的建筑物、道路、绿化、建筑小区等密切联系，并受到它们及其他自然条件如地形、地貌等的限制。

（一）场地大小、形状和道路走向

场地的大小和形状，对建筑物的层数、平面组合有极大的影响（图 7-24）。在同样能满足使用要求的情况下，建筑功能分区可采用较为集中、紧凑的布置方式，或采用分散的布置方式，这方面除了和气候条件、节约用地以及管道设施等因素有关外，还和基地的大小和形状有关。同时，基地内人流、车流的主要走向，又是确定建筑平面出入口和门厅位置的重要因素。

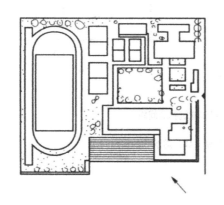 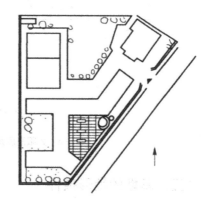

图 7-24　不同基地条件的中学教学楼平面组合

（二）建筑物的朝向和间距

影响建筑物朝向的因素主要有日照和风向。不同季节，太阳的位置、高度都发生着有规律的变化。根据中国所处的地理位置，建筑物采取南向、南偏东向或南偏西向时能获得良好的日照。

日照间距通常是确定建筑物间距的主要因素。建筑物日照间距的要求，是保证后排建筑物在底层窗台高度处，冬季能有一定的日照时间。房间日照时间的长短，是由房间和太阳相对位置的变化关系决定的，这个相对位置以太阳的高度角和方位角表示，如图 7-25（a）所示。它和建筑物所在的地理纬度、建筑方位以及季节与时间有关。通常以当地冬至日正午 12 时的太阳高度角，作为确定建筑物日照间距的依据，如图 7-25（b）所示。日照间距的计算公式为

$$L = H / \tan \alpha$$

式中 L——建筑间距；H——前排建筑物檐口和后排建筑物底层窗台的高差；α——冬至日正午的太阳高度角（当建筑物为正南向时）。

在实际建筑总平面设计中，建筑的间距，通常是结合日照间距、卫生要求和地区用地情况，做出对建筑间距 L 和前排建筑的高度 H 比值的规定，如 L/H 等于 0.8、1.2、1.5 等，L/H 称为间距系数，如图 7-25（b）所示为建筑物的日照间距。

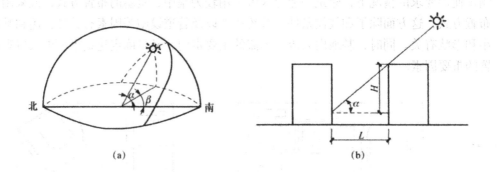

图 7-25　日照和建筑物的间距

（a）太阳高度角和方位角；（b）建筑物的日照间距

（三）基地的地形条件

在坡地上进行平面组合应依山就势，充分利用地势的变化，减少土方工程量，处理好建筑朝向、道路、排水和景观等要求。坡地建筑主要有平行于等高线和垂直于等高线两种布置方式。当基地坡度小于 25% 时，建筑物平行于等高线的布置，土方量少，造价经济。当基地坡度大于 25% 时，建筑物采用平行于等高线的布置，对朝向、通风采光、排水不利，且土方量大，造价高。因此，宜采用垂直于等高线或斜交于等高线的布置方式（图 7-26）。

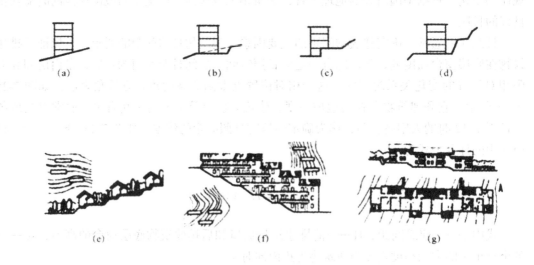

图 7-26　建筑物的布置

（a）前后勒脚调整到同一标高；（b）筑台；（c）横向错层；（d）入口分层设置；（e）平行于等高线布置示意图；

（f）垂直于等高线布置示意图；（g）斜交于等高线布置示意图

第二节 建筑剖面设计

建筑剖面设计是建筑设计的基本组成内容之一，它是根据建筑物的用途、规模、环境条件及使用要求，解决建筑物各部分在高度方向的布置问题。其具体内容包括确定建筑物的层数，决定建筑物各部分在高度方向上的尺寸，进行建筑空间组合，处理室内空间并加以利用，分析建筑剖面中的结构、构造关系等。另外，由于设计中有些问题需要平、立、剖面结合在一起才能解决，在剖面设计中应同时考虑平面和立面设计，这样才能使设计更加完善、合理。

一、房间的剖面形状

房间的剖面形状主要是根据使用要求、经济技术条件及特定的艺术构思确定的，既要适合使用，又要达到一定的艺术效果。房间的剖面形状有矩形和非矩形两大类。大多数建筑均采用矩形，这是因为矩形剖面简单、规整，便于竖向的空间组合，容易获得简洁而完整的体形，同时结构简单、施工方便。非矩形剖面常用于有特殊使用要求的建筑或采用特殊结构形式的建筑。影响房间剖面形状的因素有使用要求，结构、材料、施工要求，采光和通风要求，等等。

（一）使用要求对剖面形状的影响

在民用建筑中，大多数建筑对音质和视线的要求较低，矩形剖面能满足正常使用，因此，住宅、办公、旅馆等建筑大多采用矩形剖面。有特殊音质和视线要求的房间，主要是影剧院的观众厅、体育馆的比赛大厅、教学楼的阶梯教室等，为了满足一定的视线要求，其剖面会采用特殊形式，室内地面按一定的坡度变化升起，设计视点越低，地面升起坡度越大，如图 7-27 所示。

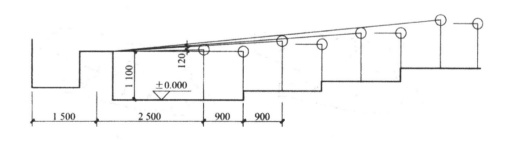

图 7-27 阶梯教室地面升起示意图

观看行为不同,设计视点的选择高度也不相同。电影院的视点高度选在银幕底边中心点,这样就可以保证人的视线能够看到银幕的全画面;体育馆常需要进行多种比赛,视点选择多以较不利观看的篮球比赛为依据,视点高度选在篮球场边线上空 300~500 mm 处;阶梯教室的视点高度常选在讲台桌面,大约距地面 1 100 mm 处;剧院的视点高度一般定于大幕的舞台面上水平投影的中心点。设计视点确定后就要进行地面起坡计算,首先要确定每排视线升高值。每排视线升高值应等于后排观众与前排观众眼睛之间的视高差,一般定为 120 mm,当座位错位排列时,每排视线升高值为 60 mm(图 7-28)。

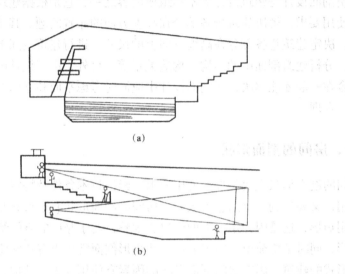

图 7-28　特殊使用功能要求的剖面形式

为达到良好的室内音质效果,保证室内声场分布均匀,避免产生有害声现象(回声、声聚焦等),在剖面设计中还要注意对顶棚的材料和形状进行选择,使其一次反射声均匀分布,如图 7-29 所示。

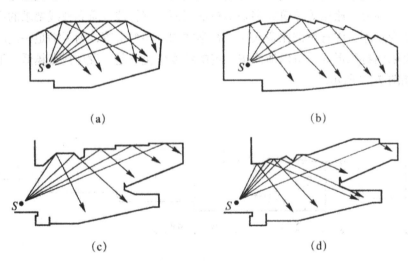

图 7-29　剧院顶棚形状与回声的关系

（二）结构、材料和施工要求对剖面形状的影响

　　房间的剖面形状还应考虑结构类型、材料及施工技术的影响。大跨度建筑的房间剖面由于结构形式的不同而形成不同的内部空间特征。当房间采用梁板结构时，剖面形状一般为矩形，当房间采用拱结构、壳体结构、悬索结构等结构类型时，其剖面形状也各有不同，如图 7-30 所示。

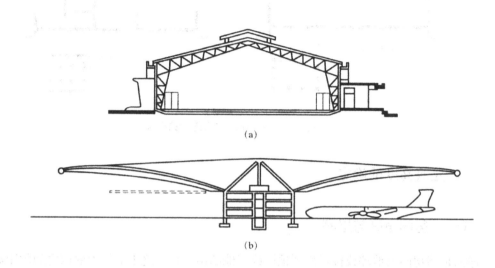

(a)

(b)

图 7-30　结构形式影响剖面形状

（三）采光、通风要求对剖面形状的影响

　　室内光线的强弱和照度是否均匀，除了和平面中窗户的宽度及位置有关外，还和窗户在剖面中的高低位置有关。房间里光线的照射深度主要靠侧窗的高度来解决，进深越大，要求侧窗上沿的位置越高，即相应房间的净高也要高一些。

　　单层房间中进深较大的房间，从改善室内采光通风条件考虑，常在屋顶设置各种形式的天窗，使房间的剖面形状具有明显的特点，如大型展览馆、室内游泳池等建筑，主要大厅常以天窗的顶光和侧光相结合的布置方式来提高室内采光质量，如图 7-31 和图7-32 所示。

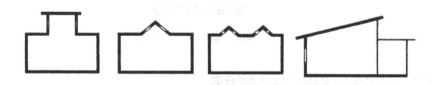

图 7-31　采光方式对剖面形状的影响

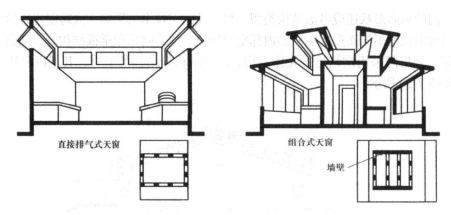

直接排气式天窗　　　组合式天窗　　墙壁

图 7-32　通风方式对剖面形状的影响

二、建筑高度的确定

（一）房间净高与层高

净高是指房间内地坪或楼板面到顶棚或其他凸出于顶棚之下的构件底面之间的距离。

层高是该层的地坪或楼板面到上层楼板面的距离，即该层房间的净高加上楼板层的结构厚度（包括梁高），如图 7-33 所示。

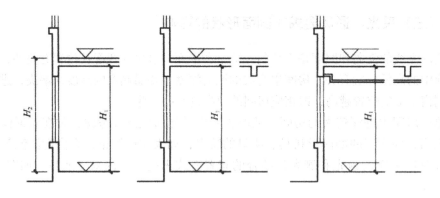

图 7-33　净高与层高

H_1——净高；H_2——层高

（二）影响房间净高与层高的因素

影响房间净高和层高的因素有人体活动及家具设备的要求、采光与通风等卫生要求、结构层的高度及构造方式的要求、建筑经济方面的要求和室内空间比例的要求。

1. 人体活动及家具设备的要求

房间的高度与人体活动尺度、室内使用性质、家具设备设置等密切相关。在民用建筑中，对房间高度有一定影响的设备布置主要有：顶棚部分嵌入或悬吊的灯具、顶棚内外的一些空调管道以及其他设备所占的空间。

一般来说，室内净高最小为 2.2 m，住宅净高应不小于 2.4 m；使用人数较多、面积较大的公共房间如教室、办公室等，室内净高常为 3.0 ~ 3.3 m；集体宿舍考虑布置双层床，净高一般不小于 3.2 m；医院手术室考虑手术台、无影灯等尺寸及操作空间，净高一般不小于 3.0 m，如图 7-34 所示。

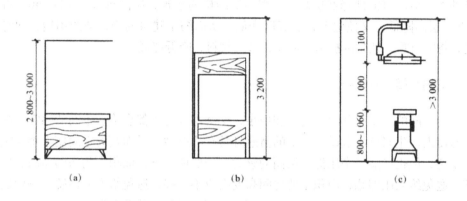

图 7-34　家具设备对房间净高的影响（单位：mm）

（a）单层床；（b）双层床；（c）手术无影灯

2. 采光、通风等卫生要求

房间里光线的照射深度，主要靠侧窗的高度来解决。侧窗上沿越高，光线照射深度越深；上沿越低，光线照射深度越浅。为此，进深大的房间，为满足房间照度要求，常提高窗的高度，相应房间的高度也应增加。

对容纳人数较多的公共建筑，为保证房间必要的卫生条件，在剖面设计中，除组织好通风换气外，还应考虑房间正常气容量。其取值与房间用途有关，如中小学教室为 3 ~ 5 m³/人，电影院观众厅为 4 ~ 5m³/座。根据房间容纳人数、面积大小及气容量标准，便可确定符合卫生要求的房间净高。

3. 结构层的高度及构造方式的要求

在房间的剖面设计中，梁、板等结构构件的厚度，墙柱等构件的稳定性，以及空间结构的形状、高度对剖面设计都有一定影响。例如，砖混结构中，钢筋混凝土梁的高度通常为跨度的十二分之一左右。由于梁底下凸较多，楼板层结构厚度较大，相应房间的净高降低，如将梁的宽度增加，高度降低，形成扁梁，楼板层结构的厚度减小，在层高不变的前提下，提高了房间的使用空间；承重墙由于墙体稳定的高厚比要求，当墙厚不变时，房间的高度也受到一定的限制；框架结构系统，由于改善了构件的受力性能，能适应空间较高要求的房间，但此时也要考虑柱子断面尺寸和高度之间的长细比要求。

空间结构是另一种不同的结构系统，它的高度和剖面形状是多种多样的。选用空间结构时，要尽可能地和使用活动特点所要求的剖面形状结合起来。例如，薄壳结构的体育馆比赛大厅，结合考虑了球类活动和观众看台所需要的不同高度；悬索结构的电影观众厅，要与电影放映、银幕、座位部分的不同高度要求和悬索结构形成的剖面形状结合起来。

4. 建筑经济方面的要求

层高是影响建筑造价的一个重要因素，在满足使用要求、采光、通风、室内观感等前提条件下，应尽可能地降低层高。一般砖混结构的建筑，层高每减小 100 mm，可节省投资 1%。层高降低，又使建筑物总高度降低，从而缩小建筑间距，节约用地，同时还能减轻建筑物的自重，减少围护结构面积，节约材料，降低能耗。

5. 室内空间比例的要求

室内空间的封闭和开敞、高大和矮小、比例协调与否都会给人不同的感觉。高而窄的空间易使人产生兴奋、激昂、向上的情感且具有严肃性；矮而宽的空间使人感觉宁静、开阔、亲切，但也可能带来压抑、沉闷的感觉。一般情况下，面积大的房间净高、层高应大一些，避免给人压抑感；面积小的房间高度则应小一些，避免给人局促感。一般建筑的空间比例（高宽比）为 1 : 1.5 ~ 1 : 3 比较合适（图 7-35）。要改变房间比例不协调或空间观感不好的情况，通常需要改变某些尺度，也会涉及和影响房间的高度。

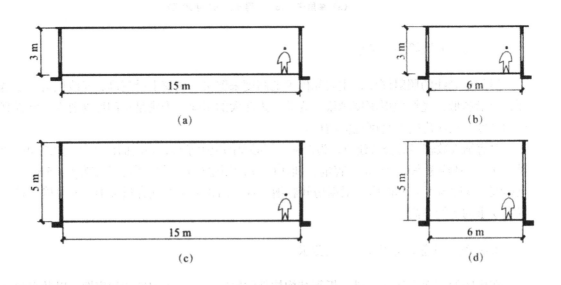

图 7-35　空间比例对净高的影响

（a）较压抑（1 : 5）；（b）较合适（1 : 2）；（c）较合适（1 : 3）；（d）较空旷（1 : 1.2）

（三）窗台的高度

窗台的高度主要根据室内的使用要求、人体尺度和家具设备的高度来确定，如图7-36所示。

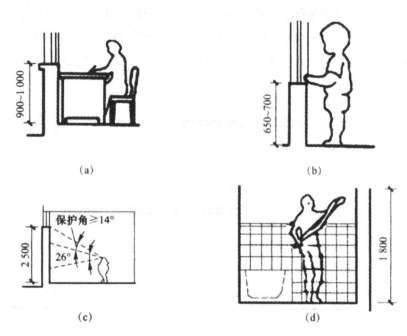

图7-36　窗台高度

（a）一般民用建筑；（b）儿童用房；（c）展览建筑；（d）浴室

一般民用建筑中生活、学习或工作用房，窗台的高度应与房间的工作面一致，通常采用900 mm左右，这样的尺寸和桌子的高度（约800 mm）与人正坐时的视线高度（约1 200 mm）配合比较恰当；幼儿园建筑结合儿童尺度，活动室的窗台高度常采用700 mm左右；对疗养建筑和风景区的建筑，由于要求室内阳光充足或便于观赏室外风景，常降低窗台高度或做成落地窗；对展览建筑，由于室内需利用墙面布置展品，并保证窗台到陈列品的距离形成不小于14°的保护角，常将窗台的高度提高到2 500 mm左右；一些有私密性要求的房间如浴室等，其窗台高度一般为1 800 mm，以利于遮挡视线。

（四）室内外高差

为了防止室外雨水倒灌和墙体受潮，同时避免因建筑物沉降导致室内地面降低，室内外地面应有一定高差。考虑到正常的使用、建筑物的沉降量和施工经济因素，室内外高差一般为150 ~ 600 mm。纪念性建筑和某些大型公共建筑常借助于增大室内外高差来增强严肃、庄重、雄伟的气氛。仓库、厂房等建筑物要求室内外联系方便，保证车辆的出入，高差应做得小一点，并且只做坡道不做台阶。

当建筑物所在基地的地形起伏变化较大时，需要根据地段道路标高、施工时的土方量以及基地的排水条件等因素综合分析，确定合理的室内外高差。

建筑设计常取底层室内地坪相对标高为 ±0.000，低于底层地坪为负值，高于底层地坪为正值。同一层各个房间的地面标高要一致，以方便行走。对于一些易积水或经常需要冲洗的房间，如开敞的外廊、阳台、浴室、厕所、厨房等，其地面标高应比其他房间稍低一些（20 ～ 50 mm），以免积水外溢，影响其他房间的使用，如图 7-37 所示。

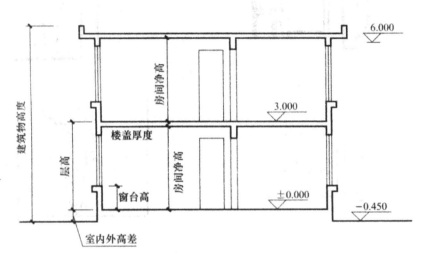

图 7-37　建筑各部分高度示意图

三、建筑层数的确定

影响建筑层数的因素很多，主要有建筑使用要求，基地环境和城市规划的要求，结构类型、材料和施工的要求，以及经济条件要求，等等。

（一）建筑使用要求

由于建筑用途不同，使用对象不同，对建筑的层数也有不同的要求。如幼儿园，为了使用安全和便于儿童与室外活动场地的联系，应建低层，其层数不应超过三层。医院、中小学建筑的层数也宜在三或四层；影剧院、体育馆、车站等建筑，由于使用中有大量人流，为便于迅速、安全疏散，也应以单层或低层为主。对于大量建设的住宅、办公楼、旅馆等建筑一般建成多层或高层。

（二）基地环境和城市规划的要求

确定建筑的层数，不能脱离一定的环境条件限制。特别是位于城市街道两侧、广场周围、风景园林区、历史建筑保护区的建筑，必须重视与环境的关系，做到与周围建筑物、道路、绿化相协调，同时要符合城市总体规划的统一要求。

（三）结构类型、材料和施工的要求

建筑物建造时所用的结构体系和材料不同，允许建造的建筑物层数也不同。如一般砖混结构，墙体多采用砖砌筑，自重大，整体性差，且随层数的增加，下部墙体越来越厚，既费材料又会减少使用面积，故常用于建造七层以下的大量性民用建筑，如多层住宅、中小学教学楼、中小型办公楼等。

钢筋混凝土框架结构、剪力墙结构、框架—剪力墙结构及筒体结构则可用于建造多层或高层建筑，如高层办公楼、宾馆、住宅等。空间结构体系，如折板、薄壳、网架等，则适用于低层、单层、大跨度建筑，如剧院、体育馆等。

另外，建筑施工条件、起重设备及施工方法等，对确定房屋的层数也有一定的影响。

（四）经济条件要求

建筑的造价与层数关系密切。对于砖混结构的住宅，在一定范围内，适当地增加房间层数，可降低住宅造价。一般情况下，五六层砖混结构的多层住宅是比较经济的。

除此之外，建筑的层数与节约土地关系密切。在建筑群体组合设计中，个体建筑的层数越多，用地越经济。把一幢五层住宅和五幢单层平房相比较，在保证日照间距的条件下，用地面积相差两倍左右；同时，道路和室外管线设置也都相应地减少。

四、建筑剖面组合和空间处理

（一）建筑剖面的组合原则

一幢建筑物包括许多空间，它们的用途、面积和高度各有不同，在垂直方向上应当考虑各种不同高度房间合理的空间组合，以取得协调统一的效果。

建筑剖面的组合方式，主要是由建筑物中各类房间的高度和剖面形状、房屋的使用要求、结构布置特点等因素决定的。建筑剖面组合应遵循以下原则。首先根据功能和使用要求进行剖面组合，一般把对外联系较密切、人员出入多或室内有大型设备的房间放在底层，把对外联系不多、人员出入少、要求安静的房间放在上部。其次根据建筑各部分高度进行剖面组合，高度相同或相近的房间，如果使用关系密切（如普通教室和试验室、卧室和起居室等），调整高度相同后布置在同一层上；如果调整成相同高度困难，可根据各个房间实际的高度进行组合，形成高度变化的剖面形式，如图7-38所示。

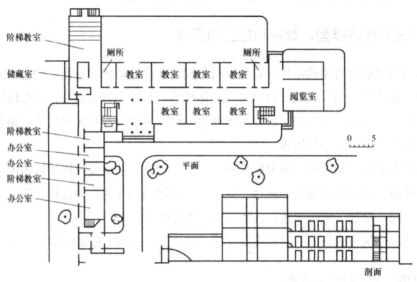

图 7-38 某中学教学楼剖面组合

在多层和高层建筑中，对于层高相差较大的房间，可以把少量面积较大、层高较高的房间布置在底层、顶层，或作为单独部分以裙房的形式依附于主体建筑之外，如图 7-39 所示。

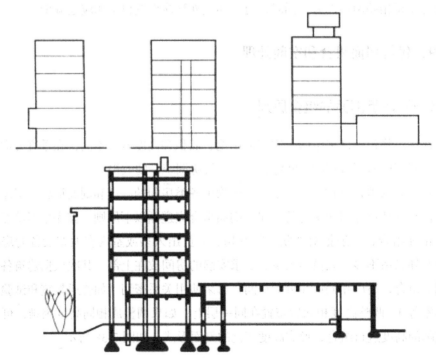

图 7-39 多层建筑中层高相差较大的房间组合

对于高度相差特别大的建筑，如体育馆和影剧院的比赛厅、观众厅与办公室、厕所等空间，实际设计中常利用大厅的起坡、看台等特点，把辅助用房布置在看台以下或大厅四周。

楼梯在剖面中的位置，是和楼梯在平面中的位置以及平面组合关系紧密联系的。由于采光通风的要求，通常楼梯沿外墙设置，进深较大的外廊式房屋，由于采光通风容易解决，楼梯可设在中部。多层住宅为了节约用地，加大房屋的进深，当楼梯设置在房屋中部时，常在楼梯边安排小天井，以解决楼梯和中部房间的采光通风问题。低层房屋也可以在楼梯上部的屋顶开设天窗，通过梯段之间的楼梯井采光。

（二）建筑剖面的组合形式

1. 单层组合

单层剖面便于房屋中各部分人流或物品和室外直接联系，它适用于覆盖面及跨度较大的结构布置，一些顶部要求自然采光和通风的房屋，也常采用单层的剖面组合方式，如体育馆、会场、车站、展览厅等大多采用单层的组合形式，如图7-40所示。

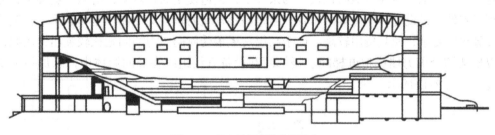

图7-40 体育馆剖面的单层组合

2. 多层和高层组合

多层剖面的室内交通联系比较紧凑，适用于有较多相同高度房间的组合，垂直交通通过楼梯联系。多层剖面的组合应注意上下层墙、柱等承重构件的对应关系，以及各层之间相应的面积分配。许多单元式平面的住宅和走廊式平面的学校、宿舍、办公、医院等房屋的剖面较多采用多层的组合方式，如图7-41所示。

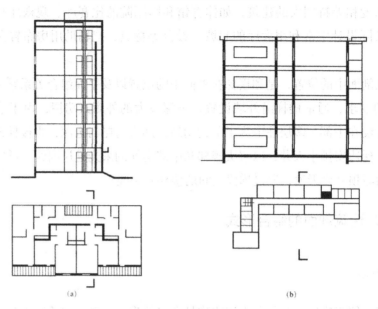

图 7-41　多层剖面组合形式

（a）单元式住宅；（b）内廊式教学楼

　　一些建筑类型如酒店、办公楼等，由于城市用地、规划布局等因素，也有采用高层剖面的组合方式，大城市中有的居住区内，根据所在地段和用地情况考虑已建成了一些高层住宅。高层剖面能在占地面积较小的条件下，建造使用面积较多的房屋。这种组合方式有利于室外辅助设施和绿化等的布置。但是高层建筑的垂直交通需用电梯联系，管道设备等设施也较复杂，使其费用较高。由于高层房屋承受侧向风力的问题比较突出，因此，通常以框架结合剪力墙或把电梯间、楼梯间和设备管线组织在竖向筒体中，以加强房屋的刚度，如图 7-42 所示。

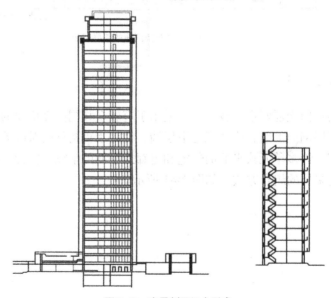

图 7-42　高层剖面组合形式

3.错层和跃层组合

当建筑物内部出现高低差或受地形条件限制时，可采用错层的形式。错层还可适用于结合坡地地形建造的住宅、宿舍等建筑类型。

房屋剖面中的错层高差有以下三种方式解决。

（1）利用踏步解决错层高差。

（2）利用室外高差解决错层高差。

（3）利用楼梯间解决错层高差，即通过选用不同数量的梯段，调整楼梯的踏步数，使休息平台的标高和错层楼地面一致，如图 7-43 所示。

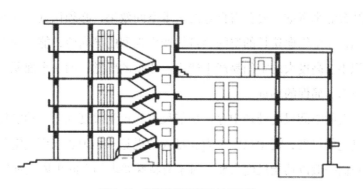

图 7-43　利用楼梯间解决错层高差

跃层式住宅是近年来出现的一种新颖住宅建筑形式。这类住宅的特点是住宅占有上、下两层楼面，卧室、起居室、客厅、卫生间、厨房及其他辅助用房可以分层布置，上下层之间的交通不通过公共楼梯，而采用户内独用小楼梯连接。跃层式住宅的特点是每户都有两层或两层合一的采光面，即使朝向不好，也可以通过增大采光面积来弥补，通风较好，户内居住面积和辅助面积较大，布局紧凑，功能明确，相互干扰较小，但结构布置和施工比较复杂，如图 7-44 所示。

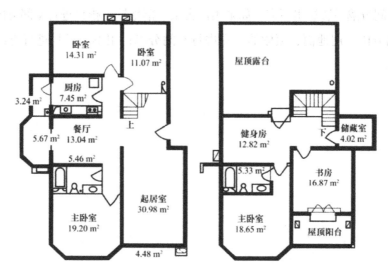

图 7-44　跃层住宅平面

（三）建筑空间处理

建筑空间处理，是在满足建筑功能要求的前提下，对空间进行一定的艺术处理，来满足人们精神上的需求。室内空间处理的手法多种多样，如室内空间的形状、尺度与比例，室内空间的划分，建筑空间的利用等。

1. 室内空间的形状、尺度与比例

不同形状的室内空间，给人的感觉不同。在确定空间形状时，必须把建筑的使用功能和艺术要求结合起来考虑，要获得良好的艺术空间效果，必须认真处理空间的形状、尺度和比例。例如，一个纵向狭长的空间会自然产生强烈的导向感，能引导人流沿纵深方向前进；一个面积小、高度大的空间易产生严肃、庄重的感觉；而一个面积大、高度小的空间则使人产生压抑、局促的感觉。

在公共建筑的空间尺度处理中存在功能尺度和视觉尺度问题。功能尺度是根据建筑使用功能要求确定的尺度，视觉尺度是为满足人的视觉和心理要求而确定的尺度，在进行空间处理时，我们一般以功能尺度为准，对于有特殊要求的空间再做视觉尺度的处理。

2. 室内空间的划分

室内空间的划分是根据室内使用要求来创造所谓空间里的空间，因此，可以按照功能需求做各种处理。随着应用物质的多样化，加上采光、照明的光影、明暗、虚实，陈设的简繁及空间曲折、大小、高低和艺术造型等多种手法，都能产生形态繁多的空间划分。现代建筑因为具备了新结构、新设备、新材料的物质条件，并且更加强调人的行为活动，所以新的空间分隔手法层出不穷，如采用博古架、落地罩、帷幕进行空间分隔；用家具设备进行空间分隔；用地面、顶棚的升降进行空间分隔；用不同材料进行空间分隔等，如图7-45 所示。

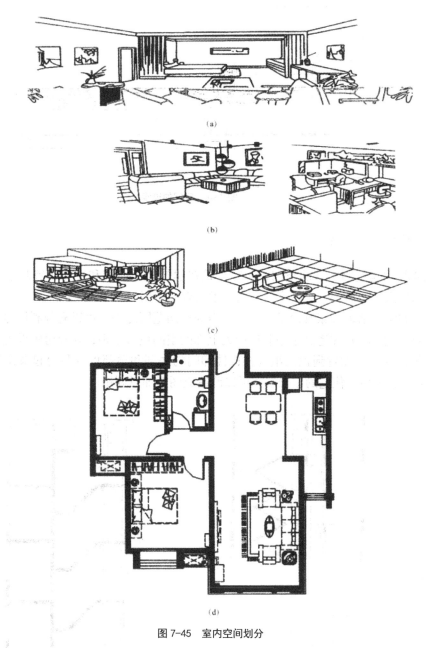

图 7-45　室内空间划分

（a）用博古架、帷幕分隔空间；（b）用家具设备分隔空间；（c）降低或提高顶棚、地面高度分隔空间；（d）用不同材料分隔空间

在进行空间划分时，还应注意空间的过渡处理，过渡空间是为了衬托主体空间，或对两个空间的联系起到承上启下的作用，加强空间层次感。如人们从外界进入建筑物内部时，常经过门廊（雨篷）、前厅，它们位于室内外空间之间，起到空间过渡的作用。室内两个大空间之间，如果简单地相连接，会使人产生突然或单薄的感觉，但在两个大空间之间设置一个过渡空间，就可以增加空间的层次感和节奏感（图 7-46）。

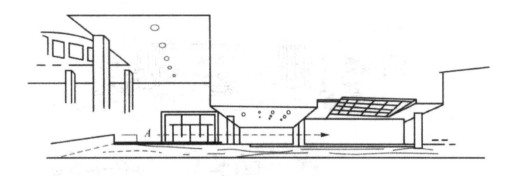

图 7-46　空间的过渡

3. 建筑空间的利用

充分利用建筑物内部的空间，实际上是在建筑占地面积和平面布置基本不变的情况下，起到扩大使用面积、丰富室内空间艺术效果的作用。

在人们室内活动和家具设备布置等必需的空间范围之外，可以充分利用房间内剩余部分的空间。例如，在住宅卧室中利用床铺上部的空间设置吊柜；在厨房中设置搁板、壁龛和储物柜；在室内设置到顶的组合柜；楼梯间的底部和顶部可以利用起来作为储藏空间（图 7-47）；坡屋顶住宅的屋顶空间可以改造成阁楼加以利用。

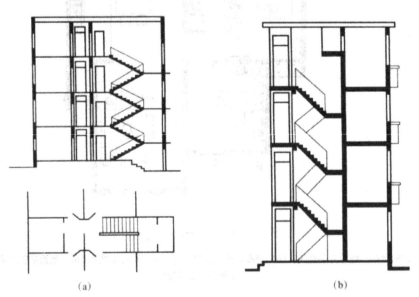

图 7-47　楼梯间的利用

（a）做单元出入口；（b）顶层做储藏室

在公共建筑中的营业厅、体育馆、影剧院、候机楼中，常采取在大空间周围布置夹层的方式，达到利用空间及扩充室内空间的效果；图书馆中净高较高的阅览室内可以设置夹层，以增加书架、书库的使用面积；走道、门厅、楼梯的空间也可以有效地加以利用，由于走道一般较窄并主要用于交通，其净高可以比其他房间低，走廊上部空间可以作为设置通风、照明设备和铺设管线的空间。

第八章 城市生态与绿地景观系统

第一节 城市生态环境的基本概念和内容

一、城镇化与城市生态环境

在原始社会，人类崇拜和依附自然。农业文明时期，人类敬畏和利用自然进行生产。在工业文明后，人类对自然的控制和支配能力大幅度增强，自我意识极度膨胀，开始一味地对自然强取豪夺，从而激化了与自然之间的矛盾，加剧了与自然之间的对立，使人类不得不面对资源匮乏、能源短缺、环境污染、气候变化、森林锐减、水土流失、物种减少等严峻的全球性环境问题和生态危机。

经历了近200年的工业文明后，人类积累和创造了农业文明无法比拟的财富，开发和占用自然资源的能力大大提高，人与自然的关系发生了根本性转换，人类确立了对自然的主导性地位，而自然则被降低为被认识、被改造，甚至被征服和被掠夺的无生命客体的对象。

（一）城镇化与资源和环境

城市是人类文明的产物，也是人类利用和改造自然的集中体现。从18世纪的工业革命开始，大规模的集中生产和消费活动促进了人口的聚集，现代化的交通和基础设施建设加快了城镇化的进程，城市数量和规模迅猛发展。

城镇化和城市人口的规模增加与资源消耗的关系十分密切。目前，城市集中了全人类50%以上的人口，大量能源和资源向城镇化地区输送，城市是地球资源主要的消费地。一般认为，城市消耗的能源占人类能源总消耗的75%，城市消耗的资源占人类资源总消耗的80%。同时，城镇化进程对能源的消耗有着巨大的影响。人均国民生产总值（GNP）每增加一个百分点，能源消耗会以同样的数值增加（系数为1.03）。城市人口每增加一个百分点，能源消耗会增加2.2%。即能源消耗的变化速度是城镇化过程变化速度的两倍。从人类文明历程来看，工业化和城镇化的过程，是社会财富积累加快、人民生活水平迅速提高的一个过程，也是人类大量消耗自然资源的过程。按照经济地理学界的城镇化理论，当城镇化率超过30%时，就进入了城镇化的快速发展时期，中国的城镇化正处在快速发展的关键时期，对能源和资源的需求急剧上升，绝大部分能源和资源用于制造业、交通和建设过程之中。

城镇化可以促进经济的繁荣和社会的进步。城镇化能集约地利用土地，提高能源利用效率，促进教育、就业、健康和社会各项事业的发展。同时，城镇化不可避免地影响了自然生态环境。

从城市自身发展来看，由于人口密集和资源的大量消耗，城市生活环境恶化，提高了城市的生活成本，使城市自身发展失去活力。城市产生和排放的大量有害气体、污水、废弃物，加剧了城市地区微气候的变化和热岛效应，使城市的自然生态系统受损，危及人类健康，人为地加大了改善环境的投资和医疗费用等。此外，大量的物质消耗造成各种自然资源的短缺，加重了城市的负担，加剧了城市的生态风险，对城市的永续发展形成了制约。

（二）城市生态系统的特点

生态系统是指由生物群落与无机环境构成的统一整体。生态系统的范围可大可小，相互交错。最大的生态系统是生物圈，地球上有生命存在的地方均属生物圈，生物的生命活动促进了能量流动和物质循环，并引起生物的生命活动发生变化。而人类只是生物圈中的一员，主要生活在以城乡为主的人工生态系统中。

城市生态系统是城市居民与周围生物和非生物环境相互作用而形成的一类具有一定功能的网络结构，也是人类在改造和适应自然环境的基础上建立起来的特殊的人工生态系统，由自然系统、经济系统和社会系统复合而成。

城市生态系统具有以下特点。

1. 城市生态系统是人类起主导作用的人工生态系统。城市中的一切设施都是人工制造的，人类活动对城市生态系统的发展起着重要的支配作用，具有一定的可塑性和导调控性。与自然生态系统相比，城市生态系统的生产者绿色植物的量很少；消费者主要是人类，而不是野生动物；分解者微生物的活动受到抑制，分解功能不强。因此，城市生态系统的演化是由自然规律和人类影响叠加形成的。

2. 城市生态系统是物质和能量的流通量大、运转快、高度开放的生态系统。城市中人口密集，城市居民所需要的绝大部分食物要从其他生态系统人为地输入；城市中的工业、建筑业、交通等也必须从外界输入大量的物质和能量。城市生产和生活产生大量的废弃物，其中，有害气体必然飘散到城市以外的空间，污水和固体废弃物绝大部分不能靠城市中自然系统的净化能力自然净化和分解，如果不及时进行人工处理，就会造成环境污染。

3. 城市生态系统是不完整的生态系统。城市自我稳定性差，自然系统的自动调节能力弱，容易出现环境污染等问题。

4. 城市生态系统的人为性、开放性和不完整性决定了它的脆弱性。

（三）城市环境的概念与组成

1.概念

城市环境是指影响城市人类活动的各种自然的或人工的外部条件。狭义的城市环境主要指物理环境，包括地形、地质、土壤、水文、气候、植被、动物、微生物等自然环境，房屋、道路、管线、基础设施、不同类型的土地利用、废气、废水、废渣、噪声等人工环境。广义的城市环境除了物理环境外还包括人口分布及动态、服务设施、娱乐设施、社会生活等社会环境，资源、市场条件、就业、收入水平、经济基础、技术条件等经济环境，以及风景、风貌、建筑特色、文物古迹等美学环境。

2.组成

城市环境由城市自然环境、城市人工环境、城市社会环境、城市经济环境和城市美学环境等组成。城市自然环境是构成城市环境的基础，它为城市这一物质实体提供了一定的空间区域，是城市赖以存在的地域条件。城市人工环境是实现城市各种功能所必需的物质基础设施，没有城市人工环境，城市与其他人类聚居区域或聚居形式的差别将无法体现，城市本身的运行也将受到抑制。城市社会环境体现了城市这一区别于乡村及其他聚居形式的人类聚居区域，在满足了人类在城市中各类活动方面所提供的条件。城市经济环境是城市生产功能的集中体现，反映了城市经济发展的条件和潜势。城市景观环境（美学环境）则是城市形象、城市气质和韵味的外在表现和反映。

二、城市生态规划

（一）生态规划概念

生态规划就是要从自然生态和社会心理两方面去创造一种能充分融合技术和自然的人类活动的最优环境，诱发人的创造精神和生产力，提供高的物质和文化生活水平，即生态规划是应用生态学原理，以人居环境永续发展为目标，对人与自然环境的关系进行协调完善的规划类型。

城市生态规划不同于传统的城市环境规划，不止考虑城市环境各组成要素及其关系，也不仅仅局限于将生态学原理应用于城市环境规划中，而是涉及城市规划的方方面面。致力于将生态学思想和原理渗透于城市规划的各方面和部分，并使城市规划"生态化"。同时，城市生态规划在应用生态学的观点、原理、理论和方法的同时，不仅关注城市的自然生态，而且也关注城市的社会生态。

生态规划不同于环境规划，环境规划侧重于环境，特别是自然环境的监测、评价、控制、治理、管理等，而生态规划则强调系统内部各种生态关系的和谐与生态质量的提高。

生态规划不仅关注区域或城市的自然资源和环境的利用与消耗对人类的生存状态的影响，也关注系统结构、过程、功能等的变化和发展对生态的影响。同时，生态规划还考虑社会经济因素的作用。因此，城市环境规划在某种程度上可考虑作为城市生态规划内容的组成部分。

（二）城市生态规划的目标、原则与步骤

1.目标

城市生态规划致力于城市人与自然的环境和谐，在城市中实现人与自然的和谐是城市生态系统研究的重要目标，例如，人口的增长要与社会经济和自然环境相适应，抑制过猛的人口聚集，以减轻环境负荷；土地利用类型与利用强度要与区域环境条件相适应，并符合生态法则；城市人工化环境结构内部比例要协调。

城市生态规划致力于城市与区域发展的同步化，从生态角度看，城市生态系统与区域生态系统息息相关，密不可分。因此，要在城市与区域同步发展的前提下，解决城市生态环境问题，调节城市生态系统活性，增强城市生态系统的稳定性，建立城市与区域双重的和谐结构。

城市生态规划致力于城市经济、社会、生态的永续发展，城市生态规划的目的是使城市经济、社会系统在环境承载力允许的范围之内，在提升人类生活质量的前提下得到不断的发展；并通过城市经济、社会系统的发展为城市生态系统质量的提高和进步提供源源不断的经济和社会推力，最终促进城市整体意义上的永续发展。

2.城市生态规划的原则

自然原则，城市的自然及物理组分是其赖以生存的基础，又往往成为城市发展的限制因素，为此，在进行城市生态规划时，首先要摸清自然本底状况，通过城市人类活动对城市气候的影响、城镇化进程对生物的影响、自然生态要素的自净能力等方面的研究，提出维护自然环境基本要素再生能力和结构多样性、功能持续性和状态复杂性的方案。同时依据城市发展总目标及阶段战略，制订不同阶段的生态规划方案。

经济原则，城市各部门的经济活动和代谢过程是城市生存和发展的活力和命脉，也是搞好城市生态的物质基础，因此，城市生态规划应促进经济发展，而决不能抑制生产，生态规划应体现经济发展的目标要求，而经济计划目标要受环境目标制约。

社会原则，进行城市生态规划时，以人类对生态的需求值为出发点，规划方案应被公众所接受和支持。

系统原则，进行城市生态规划，必须把城市生态系统与区域生态系统视为一个有机整体，把城市内各小系统视为城市生态系统内相联系的单元，对城市生态系统和它的生态扩散区（如生态腹地）进行综合规划。

3. 城市生态规划的步骤

城镇生态规划可采取以下步骤。

（1）明确规划范围及规划目标。在城镇永续发展这个总目标下，分解成具体并相互联系的子目标。

（2）根据规划目标与任务收集城镇及所处区域的自然资源与环境、人口、经济、产业结构等方面的资料与数据。不仅要重视现状、历史资料及遥感资料，还要重视实地考察。

（3）城镇及所处区域自然环境及资源的生态分析与生态评价。在这个阶段，主要运用城镇生态学、生态经济学、地理学及其他相关学科的知识，对城镇发展与规划目标有关的自然环境与资源的性能、生态过程、生态敏感性及城镇生态潜力与限制因素进行综合分析与评价。如果涉及的区域范围及生态过程有分异特征，则将区域划分为生态功能不同的地区，为制定区域发展战略提供生态学基础。

（4）城镇社会经济特征分析。主要目的是寻找城镇社会经济发展的潜力及社会经济问题的症结。

（5）按城镇建设与发展及资源开发的要求，分析评价各相关资源的生态适宜性；然后，综合各单项资源的适宜性分析结果，分析城镇发展及所处区域资源开发利用的综合生态适宜性空间分布因素。

（6）根据城镇建设和发展目标，以综合适宜性评价结果为基础，制订城镇建设与发展及资源利用的规划方案。

（7）运用城镇生态学与经济学的知识，对规划方案及其对城镇生态系统的影响以及生态环境的不可逆变化进行综合评价。

（三）城市生态分析方法

1. 生态适宜性分析法

生态适宜性指土地生态适宜性，指由土地内在自然属性所决定的对特定用途的适宜或限制程度。生态适宜性分析的目的在于寻求主要用地的最佳利用方式，使其符合生态要求，合理地利用环境容量，以创造一个清洁、舒适、安静、优美的环境。城市土地生态适宜性分析的一般步骤如下。

1. 确定城市土地利用类型。

2. 建立生态适宜性评价指标体系。

3. 确定适宜性评价分级标准及权重，应用直接叠加法或加权叠加法等计算方法得出规划区不同土地利用类型的生态适宜性分析图。

2. 生态敏感性分析法

生态敏感性是指生态系统对人类活动反应的敏感程度，用来反映产生生态失衡与生态环境问题的可能性大小。也可以说，生态敏感性是指在不损失或不降低环境质量的情况下，生态因子抗外界压力或外界干扰的能力。

生态敏感性分析是针对区域可能发生的生态环境问题，评价生态系统对人类活动干扰的敏感程度，即发生生态失衡与生态环境问题的可能性大小，如土壤沙化、盐渍化、生境退化、酸雨等可能发生的地区范围与程度，以及是否导致形成生态环境脆弱区。相对适宜性分析而言，生态敏感性分析是从另一个侧面分析用地选择的稳定性，确定生态环境影响最敏感的地区和最具保护价值的地区，为生态功能区划提供依据。

3. 城市生态功能区划的制定

城市生态规划的基本工作是建立生态功能分区，为区域生态环境管理和生态资源配置提供一个地理空间上的框架，以实现以下目标。

1. 明确各区域生态环境保护与管理的主要内容。

2. 以生态敏感性评价为基础，建立切合实际的环境评价标准，以反映区域尺度上生态环境对人类活动影响的阈值或恢复能力。

3. 根据生态功能区内人类活动的规律以及生态环境的演变和恢复技术的发展，预测区域内未来生态环境的演变趋势。

4. 根据各生态功能区内的资源和环境特点，对工农业生产布局进行合理规划，使区域内的资源得到充分的利用，又不对生态环境造成很大影响，持续发挥区域生态环境对人类社会发展的服务支持功能。

4. 城市生态功能区划原则

（1）自然属性为主，兼顾社会属性原则

在城市复合生态系统中，经济结构、技术结构、资源利用方式是短时段作用因子，社会文化、价值观念、行为方式、人口资源结构是中时段作用因子，而城市的地理环境、自然资源则是长时段作用因子。在三种作用因子中，长时段作用因子是难以改变的，最好是适应它，所以，一般采取的方式是通过克服中、短时段作用因子来改善城市发展条件，实现城市永续发展。因此，城市生态功能区划必须以自然属性为主，根据城市自然环境特征，合理安排使用功能，首先应当考虑结构与功能的一致性，然后才会考虑尽可能地满足现实生产和生活需要。

（2）整体性原则

城市生态系统具有开放性和非自律性，是一个依赖外部、不完善的生态系统，城市正常运行需要从外界输入大量的物质和能量，同时需要向外界输出产品和排放大量废物。城市生态系统的非独立性，决定了城市生态功能区划要坚持整体性原则，不仅要考虑市区内自然环境的特征、相似性和连续性，还要考虑城市与城市外缘的生态系统的联系，建立生态缓冲带和后备生态构架。

（3）保护城市生态系统多样性，维护生态系统稳定性原则

城市生态系统是经人为构筑的生态系统。城市的形成和发展使城市中原有的自然生态系统发生剧烈变化，使自然生态系统趋于单一化，降低了城市生态系统的自我调节能力，使城市生态系统变得更为脆弱。因此，城市生态功能区划要注意保护城市生态系统结构的多样性，以提高城市生态系统的稳定性。

（4）注重保护资源，着眼长远利用原则

城市生态环境、生态资产和生态服务功能构成了城市持续发展的机会和风险，生态资产保护、生态服务功能强化是城市建设的一项重要内容，而城市生态功能区划又是合理利用和保护生态资产、强化生态服务功能的重要手段之一。因此，开展城市生态功能区划，必须从城市永续发展、资源保护和长远利用等角度出发，通过区划工作找出现实存在的城市结构与生态功能不相匹配的症结，然后逐步进行恢复调整。调整的一般原则是对于自然资源使用不当的地方，按照远近结合原则，从实际出发提出逐步改造计划；对于自然资源的潜在利用功能，应给予特别关注；对于自然资源的竞争利用功能，应保证主功能充分发挥。

5.生态功能区划的程序与方法

城市生态功能区划以土地生态学、城市生态学、景观生态学和永续发展理论为指导，以 RS 和 GIS 技术为支撑，以城市发展与城市土地生态系统相互作用机制为研究主线，以生态适宜性分析、生态敏感性分析、生态服务功能重要性分析等为重点，参考城市土地利用规划和城市经济社会发展规划，以实现城市土地永续利用为目标。

生态功能区划按照工作程序特点可分为"顺序划分法"和"合并法"两种。其中，前者又称"自上而下"的区划方法，是以空间异质性为基础，按区域内差异最小、区域间差异最大的原则以及区域共轭性划分最高级区划单元，再依次逐级向下划分，一般大范围的区划和一级单元的划分多采用这一方法。后者又称"自下而上"的区划方法，它是以相似性为基础的，按相似相容性原则和整体性原则依次向上合并，多用于小范围区划和低级单元的划分。目前，多采用自下而上、自上而下综合协调的方法。

三、城市环境规划

城市环境规划是指对一个城市地区进行环境调查、监测、评价、区划以及因经济发展所引起的变化预测；根据生态学原则提出调整产业结构，以及合理安排生产布局为主要内容的保护和改善环境的战略性部署。也就是说，城市环境规划是城市政府为使城市环境与经济社会协调发展而对自身活动和环境所做的时间和空间的合理安排。

城市环境规划调控城市中人类的自身活动，减少污染，防止资源被破坏，从而保护城市居民生活和工作、经济和社会持续稳定发展所依赖的基础——城市环境，它是使城市居民与自然达到和谐共处使经济和社会发展与城市环境保护达到统一而采取的主动行为。

（一）城市环境规划的目标与指标体系

1.城市环境规划的目标

制定环境规划目标是城市环境规划的核心内容，是对规划对象（如城市、工业区、社区等）未来某一阶段环境质量状况的发展方向和发展水平所做的规定，它既体现了环境规划的战略意图，也为环境管理活动指明了方向，提供了管理依据。

（1）按规划内容分类

环境质量目标主要包括大气质量目标、水环境质量目标、噪声控制目标以及生态环境目标。环境质量目标依据不同的地域或功能区而不同。环境质量目标由一系列表征环境质量的指标体系来实现。

环境污染总量控制目标主要由工业或行业污染控制目标和城市环境综合整治目标构成。

污染排放总量控制目标实质上是以城市功能区环境容量为基础的目标，即把污染物排放量控制在功能区环境容量的限度内，多余的部分即作为削减目标或削减量。削减目标是污染总量控制目标的主要组成部分和具体体现。所谓目标的分解、实施、信息反馈、目标调整以及其他措施主要是围绕着削减目标进行的。

（2）按时间分类

按时间划分，环境规划目标可分为短期(年度)、中期(5～10年)、长期(10年以上)目标。对于短期目标一定要准确、定量、具体，体现出很强的可操作性。对于中期目标，要包含具体的定量目标，也包含定性目标。对于长期目标主要是有战略意义的宏观要求。从关系上看，长期目标通常是中、短期目标制定的依据，而短期目标则是中、长期目标的基础。

2.城市环境规划指标体系

城市环境规划指标是直接反映环境现象以及相关的事物，并用来描述城市环境规划内容的总体数量和质量的特征值。城市环境规划指标包括两方面的含义：一是表示规划指标的内涵和所属范围的部分，即规划指标的名称；二是表示规划指标数量和质量特征的数值，即经过调查登记、汇总整理而得到的数据。环境规划指标是环境规划工作的基础，并运用于整个环境规划工作之中。

环境质量指标主要表征自然环境要素（大气、水）和生活环境的质量状况，一般以环境质量标准为基本衡量尺度。环境质量指标是环境规划的出发点和归宿，所有其他指标的确定都是围绕完成环境质量指标进行的。

污染物总量控制指标是根据一定地域的环境特点和容量来确定的，其中又有容量总量控制和目标总量控制两种。前者体现环境的容量要求，是自然约束的反映；后者体现规划的目标要求，是人为约束的反映。中国现在执行的指标体系是将二者有机地结合起来并同时采用。

污染物总量控制指标将污染源与环境质量联系起来考虑，其技术关键是寻求源与汇（受纳环境）的输入响应关系，这是与目前盛行的浓度标准指标的根本区别。浓度标准指标里对污染源的污染物排放浓度和环境介质中的污染物浓度做出规定，易于监测和管理，但此类指标体系对排入环境中的污染物总量无直接约束，未将源与汇结合起来考虑。

环境规划措施与管理指标是首先达到污染物总量控制指标，进而达到环境质量指标的支持性和保证性指标。这类指标有的由环境保护部门规划与管理，有的则属于城市总体规划，但这类指标的完成与否与环境质量的优劣密切相关，因而将其列入环境规划中。

其余相关指标主要包括经济指标、社会指标和生态指标三类，大都包含在国民经济和社会发展规划中，都与环境指标有密切联系，对环境质量有深刻影响，但又是环境规划所包容不了的。因此，环境规划将其作为相关指标列入，以便更全面地衡量环境规划指标的科学性和可行性。对于区域来说，生态类指标也为环境规划所特别关注，它们在环境规划中将占有越来越重要的位置。

（二）城市环境质量评价与预测

I. 环境质量评价

（1）环境回顾评价

环境回顾评价是为检验区域内各类开发活动已造成的环境影响和效应，以及污染控制措施的有效性，对区域的经济、社会、环境等发展历程进行总结，并对原区域环评预测模型和结论正确性进行验证，查找偏差及原因。通过环境回顾评价，可掌握区域环境背景状况，在较大时空尺度上分析区域环境发展趋势和环境影响累积特征，找出区域经济、污染源、环境质量的因果关系，从而为区域产业结构优化和环境规划提供重要支撑。

环境回顾评价需根据积累的资料进行环境模拟，或者采集样品，分析和推算以往的环境状况。如可通过污染物在树木年轮中含量的分析推知该地区污染物浓度变化状况。环境回顾评价包括对污染浓度变化规律、污染成因、污染影响环境程度的评估，对环境治理效果的评估等内容。此外，工程污染源、污染物、污染治理措施、环境影响现状、环保对策、公众反应等也是环境回顾评价的内容。

（2）环境现状评价

环境现状评价是依据一定的标准和方法，着眼当前情况，对区域内人类活动所造成的环境质量变化进行评价，为区域环境污染综合防治提供科学依据。环境现状评价包括环境污染评价和自然环境评价。

环境污染评价是对污染源、污染物进行调查，了解污染物的种类、数量及其在环境中的迁移、扩散和变化，表征各种污染物分布、浓度及效应在时空上的变化规律，对环境质量的水平进行分析和评价。

自然环境评价是以维护生态平衡、合理利用和开发自然资源为目的，对区域范围的自然环境各要素的质量进行的评价。

（3）环境影响评价

环境影响评价又称环境影响分析，是指对建设项目、区域开发计划及国家政策实施后可能对环境造成的影响进行预测和估计。中国于20世纪70年代末确定环境影响评价制度。根据开发建设活动的不同，可分为单个开发建设项目的环境影响评价、区域开发建设的环境影响评价、发展规划和政策的环境影响评价（又称战略影响评价）三种类型。按评价要素，可分为大气环境影响评价、水环境影响评价、土壤环境影响评价、生态环境影响评价。影响评价的对象包括大中型工厂；大中型水利工程；矿业、港口及交通运输建设工程；大面积开垦荒地、围湖围海的建设项目；对珍稀物种的生存和发展产生严重影响，或对各种自然保护区和有重要科学价值的地质地貌地区产生重大影响的建设项目；区域的开发计划；国家的长远政策；等等。

环境预测是指根据人类过去和现有已掌握的信息、资料、经验和规律，运用现代科学技术手段和方法对未来的环境状况和环境发展趋势及其主要污染物和主要污染源的动态变化进行描述与分析。

2.环境预测的主要内容

城市社会和经济发展预测主要内容包括规划期内城市区域内的人口总数、人口密度、人口分布等方面的发展变化趋势；区域内人们的道德、思想、环境意识等各种社会意识的发展变化；人们的生活水平、居住条件、消防倾向、对环境污染的承受能力等方面的变化；城市区域生产布局的调查、生产力发展水平的提高和区域经济基础、经济规律和经济条件等方面的变化趋势。社会发展预测的重点是人口预测，经济发展预测的重点是能源消耗预测、国民生产总值预测、工业总产值预测。

城市环境容量和资源预测根据城市区域环境功能的区划、环境污染状况和环境质量标准来预测区域环境容量的变化，预测区域内各类资源的开采量、储备量以及资源的开发利用效果。

环境污染预测是预测各类污染物在大气、水体、土壤等环境要素中的总量、浓度以及分布的变化，预测可能出现的新污染种类和数量。预测规划期内由环境污染可能造成的各种社会和经济损失。污染物宏观总量预测的要点是确定合理的排污系数（如单位产品和万元工业产值排污量）和弹性系数（如工业废水排放量与工业产值的弹性系数），环境污染预测的要点是确定排放源与汇之间的输入响应系数。

其他内容还有环境治理和投资预测与生态环境预测等。

第二节　城市绿地系统的规划布局

一、城市绿地的功能

（一）生态功能

城市绿地作为自然界生物多样性的载体，使城市具有一定的自然属性，具有固化太阳能、保持水土、涵养水源、维护城市水循环、调节小气候、缓解温室效应等作用，在城市中承担重要的生态功能。建筑绿化和道路绿化则是对这个功能的补充。同时，城市绿地对缓解城市环境污染造成的影响和防灾减灾具有重要作用。

（二）社会经济功能

城市中的各种绿地，大到郊野公园，小至街头绿地，都为市民提供了开展各类户外休闲和交往活动的空间，不但增进了人与自然的融合，还可以增进人与人之间的交往和理解，促进社会融合。同时，城市绿化还可以构成城市景观的自然部分，并以其丰富的形态和季节的变化不断地唤起人们对美好生活的追求，也成为紧张城市生活中人们的心理调节剂。

由大量绿化构成的优美的城市景观环境还可以提升城市的形象，进而成为吸引人才，改善投资环境，促进城市经济发展的动力。此外，通过城市绿地规划，系统地配置绿色经济作物，可以大大提高城市绿地的产出，扩大人际之间的社会交往，降低一部分生活的成本，使城市绿地的生态功能与社会经济功能实现高度统一（表8-1）。

表 8-1　城市园林绿地功能与作用表

城市园林绿地功能与作用	生态作用	改善小气候	调节气温、湿度、气流
		净化空气促进健康	保持氧气平衡
			吸收有害气体
			滞尘、杀菌、健康维护
		防止灾害	降低噪声，防风、防火、防水
			防止水土流失
			净化水质、涵养水源
		保护生物环境	保护多样性
			保护土壤环境
	社会功能	安全防护	缓冲灾害危险，提供避灾场地
		游憩活动	提供文娱、科普、休养场地
		调节土地利用	城市备用地
			城市保留地
		审美	创造自然景观
			美化环境
		休养身心	休养、安静、休息
			自然感、生命感、享受
	经济作用	直接经济效益	物质经济收入
			旅游经济收入
		间接经济效益	以替代法计算的收益
			以环境测算的效益

二、城市绿地的类型和建设标准

（一）中国现行的城市绿地分类标准

由于城市绿地既具有生态服务功能，又具有社会经济功能，不同研究领域和工作目标下城市绿地的分类是不同的。在城市规划领域对城市绿地的分类是基于城市生态系统的运行原理，考虑不同规模、服务对象和空间位置的绿地所担当的城市功能，使城市绿地与其他功能性城市建设用地构成一个完整用地分类体系，以便形成一个完整的用地规划、建设标准和控制管理的系统。

2017 年，中国住房和城乡建设部发布了《城市绿地分类标准》（CJJ/T85-2017）。该分类标准将城市绿地划分为五大类，即公园绿地 G1、防护绿地 G2、广场用地 G3、附属绿地 XG 和区域绿地 EG。

（二）城市绿地系统的三大指标

城市绿地指标是反映城市绿化建设质量和数量的量化方式，也是对城市绿地规划编制评定和绿化建设质量考核中的主要指标，其中，人均公园绿地面积、城市绿地率和绿化覆盖率是中国目前规定性的考核指标。人均公园绿地面积是城市绿化的最基本指标，其不仅是人均所需自然空间和生物量的指标，也是体现城市社会公平的重要指标。城市绿地率是从城市土地使用控制角度实施和评价城市绿化水平的指标，是编制城市规划的重要指标。城市绿化覆盖率指城市建设用地内被绿化种植物覆盖的水平投影面积与其用地面积的比例，包括屋顶花园、垂直墙面绿化等。城市绿化覆盖率对于降低城市热岛效应、改善城市小气候和创造良好的城市景观具有重要作用。

城市绿地指标的统计范围和计算公式为

人均公园绿地面积（m^2/ 人）＝城市公园绿地面积（G1）÷城市人口数量

城市绿地率（%）＝（城市建成区内绿地面积之和 / 城市的用地面积）×100%

城市绿化覆盖率（%）＝（城市内全部绿化种植垂直投影面积 / 城市的用地面积）×100%

三、城市绿地系统规划

广义的城市绿地系统包括城市绿地和水系，即城市范围内一切人工的、半自然的以及自然的植被、水体、河湖、湿地。狭义的城市绿地系统是指城市建成区或规划区范围内，以各类绿地构成的空间系统。从这种意义上来解释城市绿地系统，可以将其定义为在城市空间内，以自然植被和人工植被为主要存在形态，能发挥生态平衡功能，对城市生态、景观和居民休闲生活有积极作用的城市空间系统。

（一）城市绿地系统规划的内容和方法

在中国的城市规划体系中，城市绿地系统规划是与用地规划、道路系统规划相并列的一项重要的规划内容，也是城市总体规划中的一项专业规划，其规划成果纳入城市总体规划加以落实。城市绿地系统规划不仅需要反映城市各类建设用地中绿地的分布状况、数量指标、绿地性质和各类绿地间的有机联系，而且要体现在市域大环境下的绿化体系。就其深度而言，应具有分区规划和控制性详细规划兼有的内容要求。具体来讲，它包括绿地结构、绿地分类、绿地布局、指标体系、绿化配置、绿地景观和近期建设等规划内容，并应具有较强的指导性和可操作性。

此外，作为一个系统的规划，城市绿地的规划应是多层次的，具体规划层次和内容如下：城市绿地系统专业规划，是城市总体规划阶段的多个专业规划之一，规划主要涉及城市绿地在总体规划层次上的统筹安排；城市绿地系统专项规划，是对城市绿地系统专业规划的深化和细化，该规划不仅涉及城市总体规划层面，还涉及详细规划层面的绿地统筹。在城市控制性详细规划和修建性详细规划阶段，城市绿地系统规划还涉及总体规划中规定的绿线和蓝线控制的落实，城市公园绿地布局、方案设计，绿地和开放空间引导，等等。

城市绿地系统规划的主要任务包括以下方面。

1.根据城市的自然条件、社会经济条件、城市性质、发展目标、用地布局等要求，确定城市绿化建设的发展目标和规划指标。

2.研究城市地区和乡村地区的相互关系，结合城市自然地貌，统筹安排市域大环境绿化的空间布局。

3.确定城市绿地系统的规划结构，合理确定各类城市绿地的总体关系。

4.统筹安排各类城市绿地，分别确定其位置、性质、范围和发展指标。

5.城市绿化树种规划。

6.城市生物多样性保护与建设的目标、任务和保护措施。

7.城市古树名木的保护与现状的统筹安排。

8.制订分期建设规划，确定近期规划的具体项目和重点项目，提出建设规模和投资估算，等等。

9.从政策、法规、行政、技术经济等方面，提出城市绿地系统规划的实施细则。

10.编制城市绿地系统规划的图纸和文件。

城市绿地系统规划的目标通常着眼于当前效益与长远效益的统合，以城市发展定位目标为依据，制定绿地空间布局和安排绿化建设的步骤。

城市绿地系统规划的工作方法通常包括区域生态环境状况和绿地现状调查，了解当地绿化结构和空间配置，绿地和水系的关系，绿地系统的演化趋势分析，以及绿地使用现状和问题的分析，进而开展城市绿地系统规划的编制。城市绿地系统规划的基本原则包括系统地整合城乡绿地网络系统，优化城市空间布局，维护生物多样性，开放空间优先，实现社会公平，保持地方特色，等等。

（二）城市绿地系统的结构布局

1.结构布局的基本模式

结构布局是城市绿地系统的内在结构和外在表现的综合体现，其主要目标是使各类绿地合理分布、紧密联系，组成有机的绿地系统整体。通常情况下，系统布局有点状、环状、放射状、放射环状、网状、楔状、带状、指状八种基本模式。

中国绿地城市空间布局常用的形式有以下四种。

（1）块状绿地布局

将绿地成块状均匀地分布在城市中，方便居民使用，多应用于旧城改建中，如上海、天津、武汉、大连、青岛和佛山等城市。

（2）带状绿地布局

多数是由于利用河湖水系、城市道路、旧城墙等因素，形成纵横向绿带、放射状绿带与环状绿地交织的绿地网。带状绿地布局有利于改善和表现城市的环境艺术风貌。

（3）楔形绿地布局

利用从郊区伸入市中心由宽到窄的楔形绿地，称为楔形绿地。楔形绿地布局有利于将新鲜空气源源不断地引入市区，能较好地改善城市的通风条件，也有利于城市艺术面貌的体现，如合肥。

（4）混合式绿地布局

混合式绿地布局是前三种形式的综合利用，可以做到城市绿地布局的点、线、面结合，组成较完整的体系。其优点是能够使生活居住区获得最大的绿地接触面，方便居民游憩，有利于就近地区气候与城市环境卫生条件的改善，有利于丰富城市景观的艺术面貌。

2. 规划布局的原则

城市绿地系统规划布局总的目标是，保持城市生态系统的平衡，满足城市居民的户外游憩需求，满足卫生和安全防护、防灾、维护城市景观的要求。

（1）城市绿地应均衡分布，比例合理，满足城市居民生活、游憩需要，促进城市旅游发展。

城市公园绿地，包括城市综合性公园、社区公园、各类专类公园、带状公园绿地等，是城市居民户外游憩活动的重要载体，也是促进城市旅游发展的重要因素。城市公园绿地规划以服务半径为基本的规划依据，"点、线、面、环、楔"相结合的形式，将公园绿地和对城市生态、游憩、景观和生物多样性保护等相关的绿地有机整合为一体，形成绿色网络。按照合理的服务半径和城市生态环境改善，均匀分布各级城市公园绿地，满足城市居民生活休息所需；结合城市道路和水系规划，形成带状绿地，把各类绿地联系起来，相互衔接，组成城市绿色网络。

（2）指标先进。城市绿地规划指标制定近、中、远三期规划指标，并确定各类绿地的合理比例，有效地指导规划建设。

（3）结合当地特色，因地制宜。应从实际出发，充分利用城市自然山水地貌特征，发挥自然环境条件优势，深入挖掘城市历史文化内涵，对城市各类绿地的选择、布置方式、面积大小、规划指标等进行合理规划。

①远近结合，合理引导城市绿化建设目标。考虑城市建设规模和发展规模，合理制定分期建设，确保在城市发展过程中，能保持一定水平的绿地规模，使各类绿地的发展速度不低于城市发展的要求。在安排各期规划目标和重点项目时，应依据城市绿地自身发展规

律与特点而定。近期规划应提出规划目标与重点，具体建设项目、规模和投资估算。

②分割城市组团。城市绿地系统的规划布局应与城市组团的规划布局相结合。理论上每 25 ~ 50 km²，宜设 600 ~ 1 000 m 宽的组团分割带。组团分割带尽量与城市自然地和生态敏感区的保护相结合。

四、城市绿化的树种规划

主要阐述树种规划的基本原则；确定城市所处的植物地理位置（包括植被气候区域与地带、地带性植被类型、建群种、地带性土壤与非地带性土壤类型）；确定相关技术经济指标；基调树种、骨干树种和一般树种的选定；市花、市树的选择与建议；等等。

（一）绿化树种选择原则

城市绿化的树种选择应遵循以下几项基本原则。

常绿树种与落叶树种结合：树种规划应考虑城市气候植被区域的自然规律，使常绿阔叶树种与落叶树种的数量之间保持一定的比例，可以反映明显的季节变化。

优先选用乡土树种，乡土树种能较好反映地方的自然地理特色，并且在漫长的历史长河中与历史文化建立起综合复杂的联系，具有地方特色。乡土树种的自然适应性强，给育苗、运输、种植管理带来很大方便，成活率高，景观成型快，有利于城市园林景观的形成和保持。除乡土树种外，还可以考虑已经经过长时间栽培的引种外来树种。

景观与生产相结合，可以根据地区和对象的具体情况，在树种规划时考虑园林景观结合生产。园林树种中很多同时是经济树种，例如，桑树或者果树的种植，既可以形成富有地域人文特色的景观，同时又具有良好的经济效益。

速生树与慢生树相衔接，促进长寿而珍贵的慢生树数量增多。城市绿化近期应以速生树为主，因为速生树可以快速成荫，达到设计效果，但是速生树一般寿命较短，在 20 年后需要更新和补充，因此就需要考虑与慢生树的结合使用。慢生树成荫较慢，但是可以弥补在速生树种更新时给景观效果带来的不利影响，并且利于创造一种稳定的地方景观特色。

（二）树种规划方法

1. 调查研究和现状分析

现状调查分析是整个树种规划的基础，所收集的资料应该准确、全面、科学。通过踏勘和分析，搞清楚绿地现状及问题，找出城市绿地系统的建设条件、规划重点和发展方向，明确城市发展基本需要和工作范围，做出城市绿地现状的基本分析和评价。

现状调查分析包括当地的植被地理位置，分析当地原有树种和外来驯化树种的生态习性、生长状况等；目前树种的应用品种是否丰富；新优树种的应用是否具有针对性、是否经过了引种、驯化和适应性栽培；大树、断头树的移植比例是否恰当；种植水平和维护管理水平是否达到了相应的水平；目前绿化树种生态效益、景观效益和经济效益结合的情况等，为后续规划工作做好服务。

2.确定基调树种

城市绿化的基调树种，是能充分表现当地植被特色、反映城市风格、能作为城市景观重要标志的应用树种。如长沙市，根据城市的历史、现状以及城市的发展要求，在规划中选用了香樟、广玉兰、银杏、枫香、桂花等13种乔木和竹类、棕树作为基调树种加以推广种植。

3.确定骨干树种

城市绿化的骨干树种，是具有优异的特点、在各类绿地中出现频率最高、使用数量大、有发展潜力的树种，主要包括行道树树种、庭园树树种、抗污染树种、防护绿地树种、生态风景林树种等，其中，城市干道的行道树树种选择要求最为严格，因为相比之下，行道的生境条件最为恶劣。骨干树种的名录需要在广泛调查和查阅历史资料的基础上，针对当地的自然条件，通过多方慎重研究才能最终确定。

4.确定树种的技术指标

树种规划的技术指标主要包括裸子植物与被子植物比例、常绿树种与落叶树种比例、乔木与灌木比例、木本植物与草本植物比例、乡土树种与外来树种比例（并进行生态安全性分析）、速生与中生及慢生树种比例，确定绿化植物名录（科、属、种及种以下单位）。

五、生物多样性保护与建设规划

生物多样性是指在一定空间范围内活的有机体（包括植物、动物、微生物）的种类、变异性及其生态系统的复杂程度，它通常分为三个不同的层次，即生态系统多样性、物种多样性、遗传（基因）多样性。它是人类赖以生存和发展的基础，保护生物多样性是当今世界环境保护的重要组成部分，它对改善城市自然生态和城市居民的生存环境具有重要作用，是实现城市可持续发展的必要保障。

生物多样性规划首先需要加强本地调研，确定当地所属的气候带和主导生态因子，确定当地所属的植被区域、植被地带、地带性植被类型建群种、优势种以及城市绿化中的乡土树种，编制出绿地的立地条件类型和城市绿化适地适树表，建立城市绿化植物资源信息系统，对城市鸟类、昆虫类等动物进行调查，并列出名录。最后，从生态系统多样性、物种多样性、遗传多样性、景观多样性等方面分别进行规划。

（一）植物物种多样性规划

1.本地植被气候带园林植物物种的发掘与应用

争取在几年时间内发掘几十种乡土植物，对开发的园林植物进行生物学特性、生态学习性和在园林绿地中的适应性进行监测，筛选出生长势旺、抗逆性强、观赏价值高的植物种类，推广于园林绿地，逐步提高城市绿地植物物种的丰富度。

2.相邻植被气候带园林植物的引种和应用

争取在几年内引种若干种适生的外来植物，对引入的植物进行生态安全性的测定和适应性观测研究，经较长时期试种后，确系生长势旺、适应性和抗逆性强，景观效果好，与乡土植物能共生共荣的种类，可逐步推广于城市园林绿地。

3.建立种质资源保存、繁育基地，提高园林植物群落的物种丰富度

结合生产绿地，建立种质资源基地，针对性地开展彩叶树种、行道树、名花、水生花卉的种质资源选育。丰富层次，充分利用垂直空间生态位资源，建立树种组成和结构较丰富的园林植物群落。

（二）植物基因多样性的保护与利用

充分利用种、变种、变型，利用植物栽培品种的多样性，利用植物起源的多样性。

（三）生态系统多样性规划

规划自然功能区，重点保护和恢复本植被气候地带各种自然生态系统和群落类型，保护自然生境，丰富城市绿地系统类型多样性，采用模拟自然的群落设计方法，以形成复杂的生态系统食物网结构，支持丰富的生物种类共存。

（四）景观多样性规划

保护和恢复山体、溪谷、水体等自然生态环境的自然组合体，建立自然景观保护区，建设城市大、中型绿地，充分借鉴当地自然景观特点，创建各种景观类型使其在城市绿地中再现，建立景观廊道，保护本地历史文化遗迹，建设历史文化型绿地、民俗再现型绿地等各种显示城市特点的个性化绿地。

（五）珍稀濒危植物的保护

对珍稀濒危植物，以就地保护为主、迁地保护为辅，扩大其生物种群，建立或恢复适生生境，保存和发展珍稀生物资源。

1.就地保护

建立保护区；增加景观的异质性；保护和恢复栖息地，减缓物种灭绝和保护遗传多样性；在城市市域周围建立完整的生物景观绿化带，保护湿地、山地生态系统等特殊生态环

境和生态系统。

2.迁地保护

建立植物园、专类公园和有计划地建立重点物种的资源圃或基因库；建立和完善珍稀濒危植物迁地保护网络，保护遗传物质。

（六）保护措施

1.开展普查。普查生物多样性资源、提出资源评估报告、划定重点保护区、建立生态监测档案。

2.加强保护和发展城市公园及绿地系统生物多样性工作。

3.加强动、植物园的建设，开展科研和科普工作，加大人工繁育研究，形成一定数量濒危植物保护群。

六、古树名木保护规划

古树名木是有生命的珍贵文物，是民族文化、悠久历史和文明古国的象征和佐证。通过对现存古树的研究，可以推究成百上千年来树木生长地域的气候、水文、地理、地质、植被以及空气污染等自然变迁。古树名木同时还是进行爱国主义教育、普及科学文化知识、增进中外友谊、促进友好交流的重要媒介。

保护好古树名木不仅是社会进步的要求，也是城市生态环境和风景资源的要求，对于历史文化名城而言，更是应做之举。

（一）古树名木的含义与分级

根据中国全国绿化委员会和国家林业和草原局共同颁发的文件《关于开展古树名木普查建档工作的通知》，有关古树名木的含义表述和等级划分如下。

1.古树名木的含义一般系指在人类历史过程中保存下来的年代久远或具有重要科研、历史、文化价值的树木。古树指树龄在100年以上的树木。名木指在历史上或社会上有重大影响的中外历代名人、领袖人物所植或者具有极其重要的历史、文化价值、纪念意义的树木。

2.古树名木的分级及标准古树分为国家一、二、三级，国家一级古树树龄在500年以上，国家二级古树300～499年，国家三级古树100～299年。国家级名木不受树龄限制，不分级。

另外，根据建设部颁发的《关于印发〈城市古树名木保护管理办法〉的通知》，有关古树名木的含义表述和等级划分则有所不同，具体表述如下。

1. 古树名木的含义古树，是指树龄在 100 年以上的树木。名木，是指国内外稀有的以及具有历史价值和纪念意义及重要科研价值的树木。

2. 古树名木的分级及标准古树名木分为一级和二级。凡树龄在 300 年以上，或者特别珍贵稀有，具有重要历史价值和纪念意义，重要科研价值的古树名木，为一级古树名木；其余为二级古树名木。

（二）保护方法和措施

1. 挂牌等级管理

统一登记挂牌、编号、注册、建立电子档案；做好鉴定树种、树龄，核实有关历史科学价值的资料及生长状况、生长环境的工作；完善古树名木管理制度；标明树种、树龄、等级、编号，明确养护管理的负责单位和责任人。

2. 技术养护管理

除一般养护如施肥、除病虫害等外，有的还需要安装避雷针、围栏等设施，修补树洞及残破部分，加固可能劈裂、倒伏的枝干，改善土壤及立地环境。定期开展古树名木调查物候期观察，病虫害自然灾害等方面的观测，制定古树复新的技术措施。

3. 划定保护范围

防止附近地面上、下工程建设的侵害，划定禁止建设的范围。

4. 加强立法工作和执法力度

城市政府可以按照国家发布的《关于加强城市和风景古树名木保护的通知》精神，颁布一系列关于古树名木保护的管理条例，制定适应本地区的保护办法和相应的实施细则，严格执行，杜绝一切破坏古树名木的事件发生。

七、城市绿地系统规划文件的编制

（一）基础资料的收集整理

编制城市绿地系统规划需要收集许多相关的基础资料，对于复杂的城市绿地系统规划，还应根据具体情况做适当的资料增加。除了收集有关城市规划的基础资料以外，还需要收集下表 8-2 列举的各项资料资料。为了节约人力、物力和财力，避免重复工作，提高工作效率，资料的收集工作应该与城市总体规划的调查研究结合起来。

表8-2 城市绿地系统规划基础资料类别

自然资料	地形图	图纸比例为1:5 000 ~ 1:20 000，通常与城市总体规划图比例一致
	气象资料	气温、湿度、降水量、风向、风速、风力、日照、霜冻期、冰冻期等
	地质水文资料	地质、地貌、河流及其他水体水文资料、泥石流、地震、火山及其他地质灾害等
	土壤资料	土壤类型、土层厚度、土壤物理及化学物质、不同土壤分布情况、地下水深度等
	公园绿地	各类公园面积、位置、性质、游人量、主要设施、建设年代、使用情况等
绿地资料	生产与防护绿地	生产绿地的位置、面积、苗木种类、出圃情况、各种防护林的分布及建设情况等
	附属绿地	各类附属绿地位置、植物种类、面积、建设、使用情况及调查统计资料等
	其他绿地	现有风景名胜区、水源保护区、隔离带等其他绿地的位置、面积及建设情况等
技术经济资料	指标资料	现有各类绿地的面积、比例等；城市绿化覆盖率、绿地率状况；人均公园绿地面积指标、每个游人所占公园绿地面积、游人量等
	植物资料	现有各种园林绿地植物的种类和生长势、乡土树种、地带性树种、骨干树种、优势树种、基调树种的分布，主要病虫害等苗圃面积、数量、规格及长势等
	动物资料	鸟类、昆虫及其他野生动物，鱼类及其他水生动物等的数量、种类、生长繁殖状况、栖息地状况等
其他资料	文字图件资料	历年所做的绿地调查资料、城市绿地系统规划图纸和文字、城市规划图、航空图片、卫星遥感图片、电子文件等
	古迹及旧址等资料	名胜古迹、革命旧址、历史名人故址、各种纪念地等的位置、范围、面积、性质、周围情况及可以利用的程度
	社会经济资料	包括城市历史文化、城市建设、社会经济、环境状况等资料

（二）规划文件的编制

城市绿地系统规划文件的编制成果应包括规划文本、规划图则、规划说明书和规划基础资料四个部分。其中，依法批准的规划文本与规划图则具有同等法律效力。成果应复制多份，报送各有关部门，作为今后的执行依据。

l. 规划文本

规划文本以条款的形式出现，格式按照《城市绿地系统规划编制纲要（试行）》的要求进行，文本的编写要求简捷、明了、重点突出。主要内容包括规划总则（包括概况、规划目的、期限、依据、原则等）、规划目标与指标、市域绿地系统规划、城市绿地系统规划结构布局与分区规划、城市绿地分类规划、树种规划、生物多样性保护与建设规划、古树名木保护规划、分期建设规划、实施措施等十个部分。

2.规划图纸

城市绿地系统规划图纸主要包括以下内容：（1）城市绿地现状分析图；（2）城市绿地系统规划总图；（3）城市绿地分类规划系列图（包括公园绿地规划图、生产绿地规划图、防护绿地规划图、附属绿地规划图、其他绿地规划图）；（4）城市绿地系统分区规划系列图；（5）城市绿地规划分期建设实施图；（6）城市绿地近期建设规划图。

规划图纸的比例可用 1∶1000，1∶5 000，1∶10 000 或 1∶25 000。

3.规划说明书

规划说明书是对规划文本和规划图纸的详细说明、解释和阐述，篇幅一般要比规划文本长。其章节与规划文本几乎相同，只是在内容方面比规划文本阐述得更为详尽和细致。

第三节　城市公园绿地规划设计

一、城市公园的发展

城市公园绿地是为全体市民服务的，是供市民游憩、娱乐、观赏、游览等的一处户外公共空间；并兼有改善城市环境、美化城市景观、减灾防灾、教育等一系列的功能和作用。

城市公园产生于 19 世纪，作为当时社会改革的一项重要措施，它的出现是为了减轻城市污染的不利影响，提高城市生活质量。这种为城市本身及城市居民服务的开放型园林一经出现，便展现出蓬勃的生命力。从 19 世纪欧美城市公园运动开始，经历了早期的实验探索、中期现代风格的形成到现今的多元化发展，令人目不暇接。其发展过程所经历的不断探索、反复尝试、经验教训和发展趋势，值得我们借鉴和关注。

现代城市公园在传统园林基础上产生，但它的形式、内容都有别于传统园林。它既有对生态浪漫主义、如画风格的执着追求，又有作为现代文化的一部分，其内容、布局、风格有较大范围的拓展，呈现出丰富、多元的发展态势。

（一）西方现代公园发展历程（1850 年至今）

18 世纪，英国伦敦的皇家猎苑允许市民进入游玩；19 世纪，伦敦一些皇家贵族的园林，如摄政、肯辛顿、海德公园等，逐步向城市大众居民开放。

真正完全意义上的近代城市公园，是由美国景观规划师奥姆斯特德（Frederick Law Olmsted）主持修建的纽约中央公园。公园占地 3440000m²，设计精细巧妙，通过把荒漠、平坦的地势进行人工改造，模拟自然，体现出一种线条流畅、和谐、随意的自然景观。公园不收门票，供城市居民免费使用，全年可以自由进出，各种文化娱乐活动丰富多彩，不同年龄、不同阶层的市民都可以在这里找到自己喜欢的活动场所。100 多年来，中央公园在寸土寸金的纽约曼哈顿始终保持完整，用地未曾受到任何侵占，至今仍以它优美的自然面貌、清新的空气参与了这个几百万人聚集地的空气大循环，保护着纽约市的生态环境。他在规划构思纽约中央公园中所提出的设计要点，后来被美国景观规划界归纳和总结，成为"奥姆斯特德原则"。其内容为：1. 保护自然景观，恢复或进一步强调自然景观；2. 除了在非常有限的范围内，尽可能地避免使用规则形式；3. 开阔的草坪要设在公园的中心地带；4. 选用当地的乔木和灌木来造成特别浓郁的边界栽植；5. 公园中的所有园路应设计成流畅的曲线，并形成循环系统；6. 主要园路要基本上能穿过整个公园，并由主要道路将全园分为不同的区域。

尽管 19 世纪公园在城市中大量出现，北美的城市公园运动也在继承了欧洲传统园林的基础上形成了自身具有一定特色的园林，但业界普遍认为城市公园运动在对传统的继承以及开辟园林功能与类型上要比开拓园林的新形式上的贡献大得多。这一时期的城市公园常常以折中主义的混杂风格为主，并未形成新的风格。

（二）中国近现代公园的发展

辛亥革命以后，中国各地出现了一批新的城市公园。例如，北京在 1912 年将先农坛开放辟作城南公园，1924 年将颐和园开放为城市公园；南京在 1928 年设公园管理处，先后开辟了秦淮小公园、莫愁湖公园、五洲公园（今玄武湖公园）等；广州在 1918 年始建中央公园（今人民公园，62000m²）和黄花岗公园，以后又陆续兴建了越秀公园（100000m²）、动物公园（37000m²）、白云山公园（134000m²）等；长沙在 1925 年于市南城垣最高处天心阁故址开辟天心公园；1930 年 10 月闽浙赣革命根据地的葛源镇，修建了"列宁公园"，面积 8000 m²。

1949 年以后，特别是进入 21 世纪以来，中国的公园事业蓬勃发展，类型更加丰富多彩，园内活动设施完善齐备。

（三）城市公园绿地的分类系统

由于国情不同，世界各国对城市公园绿地没有形成统一的分类系统，其中，比较主要的有美国式、德国式、日本式等类型。以美国式公园系统为例，它主要包括儿童游戏场；

街坊运动公园、教育娱乐公园、运动公园、风景眺望公园、水滨公园、综合公园、近邻公园、市区小公园、广场、林荫路与花园路、保留地。

中国的城市公园绿地按主要功能和内容，将其分为综合公园（全市性公园、区域性公园）、社区公园（居住区公园、小区游园）、专类公园（儿童公园、动物园、植物园、历史名园、风景名胜公园、游乐公园、其他专类公园）、带状公园和街旁绿地等，分类系统的目的是针对不同类型的公园绿地提出不同的规划设计要求。

二、城市公园规模容量的确定

城市公园绿地指标和游人容量。

（一）城市公园绿地指标计算

按人均游憩绿地的计算方法，可以计算出城市公园绿地的人均指标和全市指标。

人均指标（需求量）计算公式为

$$F = P \times f / e$$

式中：F——人均指标，m^2/人；P——游览季节双休日居民的出游率，%；f——每个游人占有公园面积，m^2/人；e——公园游人周转系数。

大型公园，取 P1 > 12%，60 m^2/人 < f1 < 100 m^2/人，e1 < 1.5。

小型公园，取 P2 > 20%，f2=60 m^2/人，e2 < 3。

城市居民所需城市公园绿地总面积由下式可得

城市公园绿地总用地 = 居民（人数）× 总 F

（二）城市公园绿地游人容量计算

公园游人容量是确定内部各种设施数量或规模的依据，也是公园管理上控制游人量的依据，通过游人数量的控制，避免公园超容量接纳游人。公园的游人量随季节、假日与平日、一日之中的高峰与低谷而变化；一般节日最多，游览旺季周末次之，旺季平日和淡季周末较少，淡季平日最少，一日之中又有峰谷之分。确定公园游人容量以游览旺季的周末为标准，这是公园发挥作用的主要时间。

公园游人容量应按下式计算

$$C = A / A_m$$

式中 C——公园游人容量（人）；A——公园总面积（m^2）；A_m——公园游人人均占地面积（m^2/人）。

公园游人人均占地面积根据游人在公园中比较舒适地进行游园考虑。在中国，城市公园游人人均占有公园面积以 60 m^2 为宜；近期公园绿地人均指标低的城市，游人人均占有公园面积可酌情降低，但最低游人人均占有公园的陆地面积不得低于 15 m^2。风景名胜公园游人人均占有公园面积宜大于 100 m^2。

按规定，水面面积与坡度大于 50% 的陡坡山地面积之和超过总面积 50% 的公园，游人人均占有公园面积应适当增加，其指标应符合下表规定。

表 8-3　水面和陡坡面积较大的公园游人人均占有面积指标

水面和陡坡面积占总面积比例 /%	0 ~ 50	60	70	80
近期游人占有公园面积 /（m^2/人）	≥ 30	≥ 40	≥ 50	≥ 75
远期游人占有公园面积 /（m^2/人）	≥ 60	≥ 75	≥ 100	≥ 150

（三）设施容量的确定

公园内游憩设施的容量应以一个时间段内所能服务的最大游人量来计算

$$N = P\beta r\alpha / p$$

式中：N——某种设施的容量；P——参与活动的人数；β——活动参与率；r——某项活动的参与率；α——设施同时利用率；p——设施所能服务的人数。β 和 r 需通过调查统计而获得。

这个公式是单项设施的容量的计算方式，其他设施容量也可利用此公式进行类似的计算，从而累计叠加确定公园内的整体设施容量。

通过对空间规模和设施容量的计算，我们就可以对公园有一个准确的定量指标。同时在城市公园规模、容量确定之时，还应考虑一些软体的因素，如服务范围的人口、社会、文化、道德、经济等因素、公园与居民的时空距离、社区的传统与风俗、参与特征、当地的地理特征以及气候条件等。从而对城市公园的空间规模与设施容量根据具体情况做出一定的变更（表 8-4）。

表 8-4　城市公园规模容量

公园类型	利用年龄	适宜规模 /（m^2）	服务半径	人均面积 /（m^2/人）
居住小区游园	老人、儿童、过路游人	> 4000	< 250 m	10 ~ 20
邻里公园	近邻市民	> 40000	400 ~ 800 m	20 ~ 30

公园类型	利用年龄	适宜规模 / (m²)	服务半径	人均面积 / (m²/人)
社区公园	一般市民	> 60000	几个邻里单位 1600 ~ 3200 m	30
区级综合公园	一般市民	200000 ~ 400000	几个社区或所在区骑自行车 20 ~ 30 min，坐车 15 min	60
市级综合公园	一般市民	400000 ~ 1000000 或更大	全市，坐车 0.5 ~ 1.5h	60
专类公园	一般市民、特殊团体	随专类主题不同而变化	随所需规模而变化	/
线形公园	一般市民	> 4000000m2 对资源有足够保护，能得	/	30 ~ 40
自然公园	一般市民	有足够的对自然资源进行保护和管理的地区	全市，坐车 2 ~ 3 h	100 ~ 400
保护公园	一般市民、科研人员	足够保护所需	/	> 400

三、城市公园绿地规划设计的程序和内容

城市公园绿地规划设计的程序和内容主要包括以下内容。

1. 了解公园规划设计的任务情况，包括建园的审批文件，征收用地及投资额，公园用地范围以及建设施工的条件。

2. 拟定工作计划。

3. 收集现状资料

主要包括：1. 基础资料；2. 公园的历史、现状及与其他用地的关系；3. 自然条件、人文资源、市政管线、植被树种；4. 图纸资料；5. 社会调查与公众意见；⑥现场勘察。

4. 研究分析公园现状

结合设计任务的要求，考虑各种影响因素，拟定公园内应设置的项目内容与设施，并确定其规模大小；编制总体设计任务文件。

5. 总体规划

确定公园的总体布局，对公园各部分做全面的安排。常用的图纸比例为 1：500，1：1000 或 1：2000。包括的内容有：1. 公园的范围，公园用地内外分隔的设计处理与四周环境的关系，园外借景或障景的分析和设计处理；2. 计算用地面积和游人量、确定公园活动内容、需设置的项目和设施的规模、建筑面积和设备要求；3. 确定出入口位置，并进行园门布置和机动车停车场、自行车停车棚的位置安排；4. 公园的功能分区，活动项目和设施的布局，确定公园建筑的位置和组织活动空间；5. 景色分区：按各种景色构成不同景观的艺术境界来进行分区；⑥公园河湖水系的规划、水底标高、水面标高的控制、水中构筑物的设置；⑦公园道路系统、广场的布局及组织游线；⑧规划设计公园的艺术布局、安

排平面的及立面的构图中心和景点、组织风景视线和景观空间；⑨地形处理、竖向规划，估计填挖土方的数量、运土方向和距离、进行土方平衡；⑩造园工程设计，包括护坡、驳岸、挡土墙、围墙、水塔、水中构筑物、变电间、厕所、化粪池、消防用水、灌溉和生活用水、雨水排水、污水排水、电力线、照明线、广播通信线等管网的布置；⑪植物群落的分布、树木种植规划、制订苗木计划、估算树种规格与数量；⑫公园规划设计意图的说明、土地使用平衡表、工程量计算、造价概算、分期建园计划。

6. 详细设计

在全园规划的基础上，对公园的各个局部地段及各项工程设施进行详细的设计。常用的图纸比例为 1∶500 或 1∶200。

7. 植物种植设计

依据树木种植规划，对公园各局部地段进行植物配置。常用的图纸比例为 1∶500 或 1∶200。

8. 规划实施

规划具体的实施和建设，即方案的付诸实践，同时在实施过程中，对方案进行改进、修正以及现场设计。

9. 实施后的评价和改进

规划在实施的过程中必然会遇到一些实际的问题，需要重新对方案进行修正和改进。同时公园在建成投入使用后，也会出现一些在规划设计阶段未能考虑到的问题，从而进行总结和检讨，并使之得以改进。

四、综合公园绿地规划设计要点

综合公园式用地规模一般较大，园内的活动设施丰富完备，为服务范围内的城市居民提供良好的游憩、文化娱乐活动服务。

综合公园一般是多功能、自然化的大型绿地，供市民进行一日之内的游赏活动。

（一）综合公园的面积与位置

每个综合公园由于包含较多的活动内容和设施，因此需要较大面积，一般不少于100000m²。按照综合公园服务范围居民人数估算，在节假日，要能容纳服务范围居民总人数的 15% ~ 20%，每个人的活动面积为 10 ~ 50 m²。

对于整个城市来说，综合公园的总面积应该综合考虑城市规模、性质、用地条件、气候、绿化状况等因素来确定。50 万人口以上的城市中，城市公园只有容纳市民总数的10% 时，游园比较合适。

（二）综合公园在城市中的位置

综合公园在城市中的位置应该在城市绿地系统规划中确定，结合河湖系统、道路系统及居住用地的规划综合考虑。最基本因素是可达性，要与城市道路系统合理结合，方便综合公园服务范围内的居民能方便地到达使用。

（三）综合公园规划的原则

公园是城市绿地系统的重要组成部分，综合公园规划要综合体现实用性、生态性、艺术性、经济性。

1. 满足功能，合理分区

综合公园的规划布局首先要满足功能要求。公园有多种功能，除调节温度、净化空气、美化景观、供人观赏外，还可使城市居民通过游憩活动接近大自然，达到消除疲劳、调节精神、增添活力、陶冶情操的目的。不同类型的公园有不同的功能和不同的内容，所以分区也随之不同。功能分区还要善于结合用地条件和周围环境，把建筑、道路、水体、植物等综合起来组成空间。

2. 园以景胜，巧于组景

公园以景取胜，由景点和景区构成。景观特色和组景是公园规划布局之本，即所谓"园以景胜"。就综合公园规划设计而言，组景应注重意境的创造，处理好自然与人工的关系，充分利用山石、水体、植物、动物、天象之美，塑造自然景色，并把人工设施和雕琢痕迹融于自然景色之中。将公园划分为具有不同特色的景区，即景色分区，是规划布局的重要内容。景色分区一般是随着功能分区不同而不同，然而景色分区往往比功能分区更加细致深入，即同一功能分区中，往往规划多种小景区，左右逢源，既有统一基调的景色，又有各具特色的景观，又有各具特色的景观，使动观与静观相适应。

3. 因地制宜，注重选址

公园规划布局应该因地制宜，充分发挥原有地形和植被优势，结合自然，塑造自然。为了使公园的造景具备地形、植被和古迹等优越条件，公园选址则具有战略意义，务必在城市绿地系统规划中予以重视。因公园处在人工环境的城市里，但其造景是以自然为特征的，故选址时宜选有山有水、低地畦地、植被良好、交通方便、利于管理之处。有些公园在城市中心，对于平衡城市生态环境有重要作用，宜完善充实。

4. 组织导游，路成系统

园路的功能主要是作为导游观赏之用，其次才是供管理运输和人流集散。因此，绝大多数的园路都是联系公园各景区、景点的导游线、观赏线、动观线，所以，必须注意景观设计，如园路的对景、框景、左右视觉空间变化，以及园路线形、竖向高低给人的心理感受等。

5. 突出主题，创造特色

综合公园规划布局应注意突出主题，使其各具特色。主题和特色除与公园类型有关外，还与园址的自然环境与人文环境（如名胜古迹）有密切联系。要巧于利用自然和善于结合古迹。一般综合公园的主题因园而异。为了突出公园主题，创造特色，必须要有相适应的规划结构形式。

（四）综合公园规划设计

综合公园功能和景区可划分为出入口、安静游览区、文化娱乐区、儿童活动区、园务管理区和服务设施区。

1. 功能分区及景区划分

（1）出入口

综合公园出入口的位置选择与详细设计对于公园的设计具有重要的作用，它的影响与作用体现在：公园的可达性程度、园内活动设施的分布结构、大量人流的安全疏散、城市道路景观的塑造、游客对公园的第一印象等。出入口的规划设计是公园设计成功与否的重要一环。

出入口位置的确定应综合考虑游人能否方便地进出公园，周边城市公交站点的分布，周边城市用地的类型，是否与周边景观环境相协调，避免对过境交通的干扰以及协调将来公园的空间结构布局等。出入口包括主要出入口、次要出入口、专用出入口三种类型。每种类型的数量与具体位置应根据公园的规模、游人的容量、活动设施的设置、城市交通状况做出安排，一般主要出入口设置一个，次要出入口设置一个或多个，专用出入口设置一到两个。

主要出入口应与城市主要交通干道、游人主要来源方位以及公园用地的自然条件等诸因素协调后确定。主要出入口应设在城市主要道路和有公共交通的地方，同时要使出入口有足够的人流集散用地，与园内道路联系方便，城市居民可方便快捷地到达公园内。

次要出入口是辅助性的，主要为附近居民或城市次要干道的人流服务，以免公园周围居民需要绕大圈子才能入园，同时也为主要出入口分担人流量。次要出入口一般设在公园内有大量集中人流集散的设施附近。如园内的表演厅、露天剧场、展览馆等场所附近。

公园出入口所包括的建筑物、构筑物有公园内、外集散广场，公园大门、停车场、存车处、售票处、收票处、小卖部、休息廊、问讯处、公用电话、寄存物品、导游牌、陈列栏、办公场所等。园门外广场面积大小和形状，要与公园的规模、游人量，园门外道路等级、宽度、形式，是否存在道路交叉口，邻近建筑及街道里面的情况等相适应，根据出入口的景观要求及服务功能要求、用地面积大小，可以设置丰富的水池、花坛、雕像、山石等景观小品。

（2）安静游览区

安静游览区主要是作为游览、观赏、休息、陈列，一般游人较多，但要求游人的密度较小，故需大片的绿化用地。安静游览区内每个游人所占的用地面积定额较大，希望能有100 m²/人，故在公园内占的面积比例亦大，是公园的重要部分。安静活动的设施应与喧闹的活动隔离，以防止活动时受声响的干扰，又因这里无大量的集中人流，故离主要出入口可以远些，用地应选择在原有树木最多，地形变化最复杂，景色最优美的地方。

（3）文化娱乐区

文化娱乐区是进行较热闹的、有喧哗声响、人流集中的文化娱乐活动区。其设施有俱乐部、游戏场、技艺表演场、露天剧场、电影院、音乐厅、跳舞池、溜冰场、戏水池、陈列展览室、画廊、演说报告座谈的会场、动植物园地、科技活动室等。园内一些主要建筑往往设置在这里，因此，常位于公园的中部，成为全园布局的重点。

布置时也要注意避免区内各项活动之间的相互干扰，故要使有干扰的活动项目相互之间保持一定的距离，并利用树木、建筑、山石等加以隔离。公众性的娱乐项目常常人流量较多，而且集散的时间集中，所以，要妥善地组织交通，接近公园出入口或与出入口有方便的联系，以避免不必要的园内拥挤，希望用地达到30m²/人。区内游人密度大，要考虑设置足够的道路广场和生活服务设施。因全园的重要建筑往往设在该区，故要有必需的平地及可利用的自然地形。例如，适当的坡地且环境较好，可用来设置露天剧场，较大的水面设置水上娱乐活动，等等。建筑用地的地形地质要有利于进行基础工程，节省填挖的土方量和建设投资。

（4）儿童活动区

儿童活动区规模按公园用地面积的大小、公园的位置、少年儿童的游人量、公园用地的地形条件与现状条件来确定。

公园中的少年儿童常占游人量的15%~30%，但这个百分比与公园在城市中的位置关系较大，在居住区附近的公园，少年儿童人数比重大，离大片居住区较远的公园比重小。

（5）园务管理区

园务管理区是为公园经营管理的需要而设置的内部专用地区。可设置办公、值班、广播室、水、电、煤、电信等管线工程建筑物和构筑物、修理工场、工具间、仓库、堆物杂院、车库、温室、棚架、苗圃、花圃等。按功能使用情况，区内可分为管理办公部分、仓库工场部分、花圃苗木部分、生活服务部分。这些内容根据用地的情况及管理使用的方便，可以集中布置在一处，也可分成数处。

（6）服务设施区

服务设施类的项目内容在公园内的布置，受公园用地面积、规模大小、游人数量与游人分布情况的影响较大。在较大的公园里，可能设有1~2个服务中心点，按服务半径的要求再设几个服务点，并将休息和装饰用的建筑小品、指路牌、园椅、废物箱、厕所等分散布置在园内。

2.综合性公园的游线及景观序列的组织

公园的道路不仅要解决一般的交通问题，更主要的问题应考虑如何组织游人达到各个景区、景点，并在游览的过程中体验不同的空间感觉和景观效果。因此，游线的组织应该与景观序列的构成相配合，使游人在规划设计者所营造的景观序列中游览，让他们的感受和情绪随公园景观序列的安排起伏跌宕，最终达到精神放松和愉悦的目的。

早在 19 世纪，美国著名的景观园林大师弗雷德里克·劳·奥姆斯特德（Frederick Law Olmsted）就发表了关于公园游线组织的论述。他认为，穿越较大区域的园路及其他道路要设计成曲线形的回游路，主要园路要基本上能穿过整个公园。这些观点对我们现代公园的游线组织仍具指导意义。为了使游人能游览到公园的每个景区和景点，并尽可能地少走回头路，公园的游线一般可采取主环线 + 枝状尽端线、主环线 + 次环线、主环线 + 次环线 + 枝状尽端线等几种形式。这样，游线与景点间形成串联、并联、并联或串联—并联混合式等几种关系。大型公园可布置几条较主要的环线供游人选择，中、小型的公园一般可有一条主环线。

公园内的道路游线通常可分为三个等级，即主路、支路和小路。主路是公园内主要环路，在大型公园中宽度一般为 5 ~ 7 m，中、小型公园 2 ~ 5 m，考虑经常有机动车通行的主路宽度一般在 4m 以上；支路是各景区内部道路，在大型公园中宽度一般为 3.5 ~ 5 m，中、小型公园 1.2 ~ 3.5 m。小路是通向各景点的道路，大型公园中宽度一般 1.2 ~ 3 m，中、小型公园 0.9 ~ 2.0 m。

为了使游人在游览过程中体会不同的空间感觉，观赏不同的景色，公园游览线路的形式一般宜选用曲线而少用直线。曲线可使游人的方向感经常发生变化，视线也不断变化，沿途游线可高、可低，可陆、可水，既可有开阔的草坪、热闹的场地，又可有幽静的溪流、陡峭的危岩。道路的具体形式也可因周围景色的不同而各不相同，可以是穿过疏林草地的林间小道，也可是水边岸堤，还可是跨越水面的小桥、汀步，附于峭壁上的栈道，等等。总之，游览道路的处理宜丰富，可形成具有不同空间及视觉体验的断面形式，以增加游览者的不同体验。

景观序列的规划设计是公园规划设计的一项重要内容，一个没有形成景观序列的公园，即使各个景区设计都非常精致，游人也可能会产生一种混乱无序的感觉，难以形成一个总体的印象。而经过景观序列设计的公园，游人往往会对其产生更为清晰的回忆，对各个景区景点也有更深的印象。

景观序列的设计与功能分区、景区的布局、游览路线的组织等密切相关。我们应该用一种内在的逻辑关系来组织空间、景观及游览路线，使空间有开有闭、有收有放；景色有联系有突变，有平常也有焦点。这样可在主要的游览线路上形成序景—起景—发展—转折—高潮—转折—收缩—结景—尾景的景观序列或形成序景起景转折高潮尾景的景观序列。游人按照这样的景观序列进行游览，情绪由平静至欢悦到高潮再慢慢回落，真正感到乘兴而来，满意而归。

3. 综合性公园的植物配植与景观构成

植物是公园最主要的组成部分，也是公园景观构成的最基本元素。因此，植物配植效果的好坏会直接影响到公园景观的效果。在公园的植物配植中除了要遵循公园绿地植物配植的原则以外，在构成公园景观方面，还应注意以下三点。

（1）选择基调树，形成公园植物景观基本调子

为了使公园的植物构景风格统一，在植物配植中，一般应选择几种适合公园氛围和主题的植物作为基调树。基调树在公园中的比例大，可以协调各种植物景观，使公园景观取得一个和谐一致的形象。

（2）配合各功能区及景区选择不同植物，突出各区特色

在定出基调树，统一全园植物景观的前提下，还应结合各功能区及景区的不同特征，选择适合表达这些特征的植物进行配植，使各区特色更为突出。例如，公园入口区人流量大，气氛热烈，植物配植上则应选择色彩明快、树形活泼的植物，如花卉、开花小乔木、花灌木等。安静游览区则适合配植一些姿态优美的高大乔木及草坪。儿童活动区配植的花草树木应结合儿童的心理及生理特点，做到品种丰富、颜色鲜艳，同时不能种植有毒、有刺以及有恶臭气味的浆果之类的植物。文化娱乐区人流集中，建筑和硬质场地较多，应选一些观赏性较高的植物，并着重考虑植物配植与建筑和铺地等人工元素之间的协调、互补和软化的关系。园务管理区一般应考虑隐蔽和遮挡视线的要求，可以选择一些枝叶茂密的常绿灌木和乔木，使整个区域遮掩于树丛之中。

（3）注意植物造景的生态性，构建生态园林

植物造景应遵循"适地适树"原则，积极采用乡土树种，既能满足植物的生态性，又能形成植物造景特色。注重植物品种的多样化，植物配置时，要建立科学的人工植物群落结构、时间结构、空间结构和食物链结构，建立植物群落体系，在有限的土地面积上尽可能地增加叶面积指数。

五、其他专类公园

（一）儿童公园

儿童公园是单独或组合设置的，拥有部分或完善的儿童活动设施，为学龄前儿童和学龄儿童创造和提供以户外活动为主的良好环境，供他们游戏、娱乐、开展体育活动和科普活动并从中得到文化与科学知识，有安全、完善设施的城市专类公园。

（二）动物园

动物园是在人工饲养条件下，移地保护野生动物，供观赏、普及科学知识，进行科学研究和动物繁殖，并且具有良好设施的城市专类公园。

l. 传统牢笼式动物园

传统牢笼式动物园以动物分类学为主要方法，以简单的牢笼饲养，故占地面积通常较少，多为建筑式场馆，室内展览方式为主。中国许多动物园，特别是中小城市动物园仍属此类型，笼舍条件非常简陋，动物环境恶劣，导致公众对动物园的感性认识极差。

2. 现代城市动物园

多建于城市市区，甚至市中心，除了动物园的本身职能以外，还兼有城市绿地功能。适应社会发展需求的动物园模式，在动物分类学的基础上，考虑动物地理学、动物行为学、动物心理学等，结合自然生境进行设计，以"沉浸式景观"设计为主，建筑式场馆自然式场馆相结合，充分考虑动物生理，动物与人类的关系，故此类动物园为现代主流动物园类型。

3. 野生动物园

多建于野外和城市周边及郊区，基本根据当地的自然环境，创造出适合动物生活的环境，采取自由放养的方式，让动物回归自然。参观形式也多以游客乘坐游览车的形式为主，与城市动物园的游赏形式相反。这类野生动物园多环境优美，适合动物生活，但也存在管理上的缺点。

4. 专业动物园

动物园的业务性质，不断向专业方向分化。目前，世界上已出现了以猿猴类为中心的灵长类动物园，以水禽类为中心的水禽动物园，以爬虫类为中心的爬虫类动物园，以鱼类为中心的水族类动物园，以昆虫类为中心的昆虫类动物园。这种业务上的专业分化，对动物研究和繁殖都是有益的，是值得推广的。

（三）植物园

现代意义上的植物园定义为搜集和栽培大量国内外植物，进行植物研究和驯化，并供观赏、示范、游憩及开展科普活动的城市专类公园。

植物园的分类：1. 科研为主的植物园。世界上发达国家已经建立了许多研究深度与广度很大、设备相当充足与完善的研究所与实验园地，在科研的同时还搞好园貌、开放展览。2. 科普为主的植物园。以科普为中心工作的植物园在总数中占比例较高，原因是活植物展出的规定是挂名牌，它本身的作用就是使游人认识植物，含有普及植物学的效果。不少植物园还设有专室展览，专车开到中小学校展示，专门派导师讲解。3. 为专业服务的植物园。4. 属于专项搜集的植物园。

（四）体育公园

体育公园是指有较完备的体育运动及健身设施，供各类比赛、训练及市民的日常休闲健身及运动之用的专类公园。

体育公园的面积指标及位置选择。体育公园不是一般的体育场，除了完备的体育设施以外，还应有充分的绿化和优美的自然景观，因此，一般用地规模要求较大，面积应在$100000 \sim 500000m^2$为宜。

体育公园的位置宜选在交通方便的区域。由于其用地面积较大，如果在市区没有足够的场地，则可选择乘车30 min左右能到达的地区。在地形方面，宜选择有相对平坦区域及地形起伏不大的丘陵或附近有池沼、湖泊等的地段。这样，可以利用平坦地段设置运动场，起伏山地的倾斜面可作为观众席，开阔的水面则可开展水上运动。

参考文献

[1] 韩波. 区域与城市规划的理论和方法 [M]. 杭州：浙江大学出版社，2020.

[2] 赵晶夫. 城市规划管理工作的创新与实践 [M]. 南京：南京出版社，2020.

[3] 王江萍. 城市景观规划设计 [M]. 武汉：武汉大学出版社，2020.

[4] 周燕，杨麟. 城市滨水景观规划设计 [M]. 武汉：华中科学技术大学出版社，2020.

[5] 李勤，闫军. 城市既有住区更新改造规划设计 [M]. 北京：机械工业出版社，2020.

[6] 李朝阳. 普通高等院校土木专业十四五规划精品教材城市交通与道路规划第 2 版 [M]. 武汉：华中科学技术大学出版社，2020.

[7] 胡哲，陈可欣. 城市与建筑学术文库艺术造城城市公共艺术规划 [M]. 武汉：华中科技大学出版社，2020.

[8] 王克强，石忆邵，刘红梅. 城市规划原理 [M]. 上海：上海财经大学出版社，2020.

[9] 王强，张彬，王艳梅. 建筑景观设计与城市规划[M]. 长春：吉林科学技术出版社，2020.

[10] 何培斌，李秋娜，李益. 装配式建筑设计与构造 [M]. 北京：北京理工大学出版社，2020.

[11] 冯美宇. 互联网＋创新型教材高等职业技术教育建筑设计专业系列教材建筑设计原理第 3 版 [M]. 武汉：武汉理工大学出版社，2020.

[12] 负禄. 建筑设计与表达 [M]. 长春：东北师范大学出版社，2020.

[13] 张文忠，赵娜冬. 公共建筑设计原理 [M]. 北京：中国建筑工业出版社，2020.

[14] 苏晓毅. 木结构建筑设计 [M]. 北京：中国林业出版社，2020.

[15] 张静. 建筑设计基础 [M]. 北京：中国建材工业出版社，2020.

[16] 田海宁. 民居建筑设计与美学 [M]. 长春：吉林美术出版社，2020.

[17] 王瑞珠，朱荣远. 城市规划 [M]. 北京：中国建筑工业出版社，2019.

[18] 董卫. 城市规划历史与理论 [M]. 南京：东南大学出版社，2019.

[19] 董晓峰，刘颜欣，杨秀珺. 生态城市规划导论[M]. 北京：北京交通大学出版社，2019.

[20] 张赫，王睿，高畅. 城市规划快速设计 [M]. 武汉：华中科技大学出版社，2019.

[21] 任雪冰. 城市规划与设计 [M]. 北京：中国建材工业出版社，2019.

[22] 赵蔚. 城市规划中的社会研究 [M]. 上海：同济大学出版社，2019.

[23] 杨龙龙. 建筑设计原理 [M]. 重庆：重庆大学出版社，2019.

[24] 于欣波, 任丽英, 王悦. 建筑设计与改造 [M]. 北京: 冶金工业出版社, 2019.

[25] 陈文建, 季秋媛, 何培斌. 建筑设计与构造 [M]. 北京: 北京理工大学出版社, 2019.

[26] 郭屹. 建筑设计艺术概论 [M]. 徐州: 中国矿业大学出版社, 2019.

[27] 何培斌, 栗新然, 李秋娜. 民用建筑设计与构造第 3 版 [M]. 北京: 北京理工大学出版社, 2019.

[28] 伍江, 张帆, 沙永杰. 亚洲城市的规划与发展 [M]. 上海: 同济大学出版社, 2018.

[29] 董卫, 李百浩, 王兴平. 城市规划历史与理论 3[M]. 南京: 东南大学出版社, 2018.

[30] 赵颖. 生态城市规划设计与建设研究 [M]. 北京: 北京工业大学出版社, 2018.

[31] 曹伟. 城市规划设计十二讲第 2 版 [M]. 北京: 机械工业出版社, 2018.

[32] 万勇, 顾书桂, 胡映洁. 基于城市更新的上海城市规划、建设、治理模式 [M]. 上海: 上海社会科学院出版社, 2018.

[33] 刘贵利. 中小城市总体规划 [M]. 南京: 东南大学出版社, 2018.

[34] 吴艳群, 吴芳. 城市轨道交通规划与管理 [M]. 成都: 西南交通大学出版社, 2018.

[35] 徐文辉. 城市园林绿地系统规划第 3 版 [M]. 武汉: 华中科技大学出版社, 2018.

[36] 张广媚. 建筑设计基础 [M]. 天津: 天津科学技术出版社, 2018.

[37] 孙文文, 耿佃梅, 周子良. 建筑设计初步 [M]. 哈尔滨: 哈尔滨工程大学出版社, 2018.

[38] 贾宁, 胡伟. 建筑设计基础第 2 版 [M]. 南京: 东南大学出版社, 2018.

[39] 朱国庆. 建筑设计基础 [M]. 长春: 吉林大学出版社, 2018.

[40] 乌兰, 朱永杰. 建筑设计基础 [M]. 武汉: 华中科技大学出版社, 2018.

[41] 李纪伟, 张元文, 曹迎春. 可持续建筑设计概论 [M]. 秦皇岛: 燕山大学出版社, 2018.